中国书籍学术之光文库

中华民族传统道德的传承及其当代价值

张晓昀 | 著

中国书籍出版社
China Book Press

图书在版编目（CIP）数据

中华民族传统道德的传承及其当代价值/张晓昀著.
—北京：中国书籍出版社，2020.7
（中国书籍学术之光文库）
ISBN 978-7-5068-7786-2

Ⅰ.①中⋯　Ⅱ.①张⋯　Ⅲ.①道德—研究—中国　Ⅳ.①B82

中国版本图书馆 CIP 数据核字（2019）第 294330 号

中华民族传统道德的传承及其当代价值

张晓昀　著

责任编辑	张　幽　王　淼
责任印制	孙马飞　马　芝
封面设计	中联华文
出版发行	中国书籍出版社
地　　址	北京市丰台区三路居路 97 号（邮编：100073）
电　　话	（010）52257143（总编室）　（010）52257140（发行部）
电子邮箱	eo@chinabp.com.cn
经　　销	全国新华书店
印　　刷	三河市华东印刷有限公司
开　　本	710 毫米×1000 毫米　1/16
字　　数	174 千字
印　　张	13
版　　次	2020 年 7 月第 1 版　2020 年 7 月第 1 次印刷
书　　号	ISBN 978-7-5068-7786-2
定　　价	85.00 元

版权所有　翻印必究

序　言

　　张晓昀同志多年来一直从事高校思想政治理论课的教学与研究工作，她的博士学位论文《中华民族传统道德的传承及其当代价值》，从当前弘扬传统美德、加强社会道德建设、增强文化自信的现实需要出发，合理区分了中华民族传统道德和中华民族优秀传统道德两个概念，系统梳理了中华民族传统道德体系的形成及两千多年古代传承的具体方式。在此基础上，论文探究、总结出中国古代传统道德传承不断的综合原因：中国古代农耕社会经济形态本身天然具有的极强的稳定性与传承性直接奠定了中国古代传统道德传承的坚实基础，而古代农耕社会中所培育出的独特的士大夫阶层"铁肩担道义"，为传统道德的传承与发展提供了广泛全面而深入细致的保障；为了维护统治地位和统治秩序，中国古代统治者通过国家政权强制性推行的道德教化、制度性设置等，使道德的传承更顺理成章；农耕社会基础上产生的宗法家族观念在中国人的头脑中根深蒂固，构成了传统道德传承不断的内在因素。在宗法观念支配下，民间家族宣扬道德教化成为一种自发自觉的行为而深入到百姓生活的方面，促成了传统道德在民众实践生活中的代代相传。对中华民族传统道德古代传承的原因进行综合分析，这是我们认识道德对当前中国社会治理具有重要意义的历史前提，更是我们寻求传统启示现代的出发点。

　　论文的另一项重要工作就是以近现代中国百年的探索发展历史为背

景，探究中华民族传统道德在民族复兴、独立的过程中的重要作用。在经历了新文化运动和文化大革命的大批判，改革开放以来，我们党和国家越来越深刻地认识到中华民族传统道德文化对中华民族伟大复兴的重要作用。因此，批判继承、古为今用、创造性转化、创新性发展的基本方针逐步落实。在新的历史条件下，中华民族优秀传统道德文化的当代价值日益彰显：优秀传统道德是消解当前社会道德困境的智慧支持，优秀传统道德是实现中华民族伟大复兴的中国梦的价值支持。中华民族优秀传统道德的世代传承是提高中国文化软实力的根基，其现代转换是提高中国文化软实力的途径；中华民族优秀传统道德是涵养社会主义核心价值观的历史源泉，是高校思想政治工作的重要内容和支撑。当前，我们必须真正学懂弄通做实对传统文化的创造性转化和创新性发展，才能进一步坚定新时代的文化自信。

北京高校思想政治工作研究中心副主任、北京交通大学原党委副书记、教授、博士生导师颜吾佴

目 录
CONTENTS

绪 论 ……………………………………………………………… 1
  第一节 选题的背景、目的和意义 …………………………… 1
  第二节 国内外研究现状 ……………………………………… 4

第一章 传统道德概述 ………………………………………… 15
  第一节 马克思主义道德观简述 ……………………………… 15
  第二节 中华民族传统道德的界定 …………………………… 22

第二章 中华民族传统道德体系的形成及古代传承 ………… 32
  第一节 先秦时期中华民族传统道德体系初步形成 ………… 32
  第二节 两汉时期中华民族传统道德体系定型 ……………… 43
  第三节 魏晋隋唐时期中华民族传统道德包容性发展 ……… 48
  第四节 宋元明时期中华民族传统道德"神圣化"发展 …… 55
  第五节 明清之际中华民族传统道德启蒙性变迁 …………… 63

第三章　中华民族传统道德古代传承的原因分析 …… 71
第一节　农耕社会经济形态是中华民族传统道德古代传承的基本因素 …… 71
第二节　封建国家维护统治是中华民族传统道德古代传承的根本因素 …… 84
第三节　宗法家族观念是中华民族传统道德古代传承的内在因素 …… 97

第四章　中华民族传统道德的近代际遇 …… 108
第一节　中华民族传统道德的近代变革 …… 108
第二节　中华民族传统道德的近代际遇 …… 114

第五章　中华民族传统道德在改革开放前的双向境遇 …… 123
第一节　社会主义道德建设对中华民族优秀传统道德的继承与超越 …… 123
第二节　关于对中华民族传统道德的批判与否定 …… 133

第六章　中华民族优秀传统道德的当代价值 …… 137
第一节　改革开放以来对中华民族传统道德的时代反思 …… 137
第二节　中华民族优秀传统道德是消解当前社会道德困境的智慧支持 …… 150
第三节　中华民族优秀传统道德是实现中华民族伟大复兴的价值支持 …… 160
第四节　中华民族优秀传统道德是高校思想政治工作的重要内容和支撑 …… 177

第五节　以习近平新时代中国特色社会主义思想为指导，
　　　　坚定文化自信 …………………………………… 182

参考文献 ……………………………………………………… 190

致　谢 ………………………………………………………… 197

绪 论

中国自古就是礼仪之邦，中华民族传统道德是中华民族五千年文化发展的核心，对于中华民族传统文化的发展和民族心理、民族精神的形成都有着巨大的影响和作用。在一定意义说，中华民族传统道德是中华民族思想文化传统的核心，是历史留给我们的一份弥足珍贵的遗产。当前我们所从事的中国特色社会主义建设事业与传统道德文化并不矛盾，是一脉相承的与时俱进，不可完全割裂。对此，毛泽东同志早就指出："今天的中国是历史的中国的一个发展；我们是马克思主义的历史主义者，我们不应当割断历史。从孔夫子到孙中山，我们应当给以总结，承继这一份珍贵的遗产。"①

第一节 选题的背景、目的和意义

以道德礼仪闻名于世的中国，已经历了五千年历史的沧桑变迁。改革开放四十年来，中国正在走向现代化的高速路上，其中经济形态、政治结构以及社会秩序等都处在不同的变迁和转型之中而发生着日新月异

---

① 《毛泽东选集》第2卷，北京：人民出版社，1991年版，第534页

的变化。社会存在决定社会意识,正处在社会转型时期的中国,旧的价值体系已被打破,新的价值体系建设还在探索中,这种社会现实造成现实生活道德价值观念多元化、多样化的复杂存在。尤其近年相继发生的"毒奶粉""地沟油""彩色馒头""小悦悦""老人倒地扶不扶"等公共道德事件,备受人们关注,在尚不完善的市场经济环境下,诚信的缺失、道德的滑坡已经到了令人忧虑的地步。社会意识是具有反作用的,因此,这种社会道德状况的恶化对建设和完善社会主义市场经济、民主政治造成了消极的障碍,严重干扰了社会主义现代化的进程。

关注社会道德危机并积极探求解决道德危机之路,是当今一个全球性的话题。目前,中国在市场经济快速发展的同时,普遍性的社会道德问题屡屡出现,社会上道德议题的热度也随之持续走高。在"如何才能止住道德滑坡"的大讨论中,尽管有人提出为道德立法、向西方学习等不同的建议和设想。但是,更多的人认为从绵延数千年的中华民族传统道德文化中借鉴经验、吸取精华,应该成为当前中国价值体系、社会道德重建的基本特征。对此,党和国家的策略思路非常明确。党的十六大报告提出:"要建立与社会主义市场经济相适应、与社会主义法律规范相协调、与中华民族传统美德相承接的社会主义思想道德体系。"党的十七大报告指出"要全面认识祖国传统文化,取其精华,去其糟粕,使之与当代社会相适应、与现代文明相协调,保持民族性,体现时代性。""三鹿奶粉"事件发生之后,2010年初温家宝总理与网友在线交流时指出:"对于我们的企业来讲,对于整个社会来讲,道德问题十分重要。我以为诚信和道德是现代社会应该解决的紧迫问题。"① 而对于道德的理解和界定,温家宝总理当时提到的"爱人"和"要有同情心"两点正是中国儒家传统道德的核心思想。党的十八大报告再次提出:"要坚持依法治国和以德治国相结合,加强社会公德、职业道德、

---

① http://www.china.com.cn/news/local/2010-02/27/content_19485701.htm

家庭美德、个人品德教育，弘扬中华传统美德，弘扬时代新风。""建设优秀传统文化传承体系，弘扬中华优秀传统文化。"2013年9月26日，在会见第四届全国道德模范及提名奖获得者时习近平总书记讲话指出："自强不息、厚德载物的思想，支撑着中华民族生生不息、薪火相传，今天依然是我们推进改革开放和社会主义现代化建设的强大精神力量。"2015年党的十八届五中全会通过的《中共中央关于制定国民经济和社会发展第十三个五年规划的建议》中指出，要构建中华优秀传统文化传承体系，弘扬中华传统美德。2017年1月26日，中共中央办公厅、国务院办公厅印发《关于实施中华优秀传统文化传承发展工程的意见》指出，传承发展中华优秀传统文化，就要大力弘扬自强不息、敬业乐群、扶危济困、见义勇为、孝老爱亲等中华传统美德。2017年10月，习近平总书记在党的十九大报告中再次明确提出："深入挖掘中华优秀传统文化蕴含的思想观念、人文精神、道德规范，结合时代要求继承创新，让中华文化展现出永久魅力和时代风采。"

近年来，社会上"最美教师""最美司机""最美妈妈"等"最美现象"频繁出现，"道德模范"、"感动中国人物"等的评选影响甚广、感人至深，对"最美现象"的宣传以及这些来自社会基层的评选活动，倡导了爱亲助人的善良人性，弘扬了敬业奉献的责任担当，彰显了无私无畏的英雄气节，从而引领了社会主义的道德价值取向，更践行了传承优秀传统道德与弘扬现代社会美德有机结合的伦理要求。这一方面说明我国社会道德建设有主流美好的一面，另一方面也表达了广大民众对传统美德的深切呼唤。从一定意义上讲，一个社会如果对道德滑坡的现象都待以冷漠而不是义愤，这个社会的道德状况才是真正危险的。近年来，社会各阶层都广泛关注并热切讨论道德问题，人们对失德现象的谴责、义愤，对"最美现象"的赞赏、感动，对社会转型的忧虑、反思，都传递出我国社会公众对善良德行的内心追求以及根深蒂固的浓重的道德意识。

任何一个国家，如果要真正发展强大并受人敬仰，其道德价值观的力量是基础。因此，我们党和国家对于吸取传统道德精华、建设中国特色社会主义道德文化非常重视。从《公民道德建设实施纲要》到倡导社会主义荣辱观，从提出社会主义和谐社会的构建到社会主义核心价值体系、社会主义核心价值观的培育与践行，我们已经制定了一个相对完整的社会主义道德规范体系，开展了大量的宣传教育工作，也取得了一定的成绩。但是，为什么多年来还是一直存在着上述的"一些领域道德失范"的问题？因此，在今天我们吸取中华民族传统道德精华进行中国特色社会主义道德建设的过程中，必须首先认真研究和探索中华民族传统道德两千多年传承和演变经过了怎样的曲折历程？更重要的是，中华民族传统道德为什么历经两千多年的发展而生生不息、深入人心？由此，立足中国国情的中国特色社会主义道德建设中应该怎样看待和借鉴中华民族延绵数千年的传统道德才是客观的、科学的、有效的？这些问题都是目前有关社会道德问题的讨论中不能回避的现实。研究中华民族传统道德的历史传承及对当代中国特色社会主义事业的重要价值，是新时代提高中国文化软实力、增强文化自信的关键环节。

因此，本选题的目的就是为了更深入地认识和把握中华民族传统道德延绵不息传承两千多年的内在原因，从而对当前的中国特色社会主义道德建设起到一点启发和借鉴的作用。本选题的研究，从理论上说，力求对中华民族传统道德的传承原因进行一点丰富或者拓展；从实践说，将对提高中国特色社会主义道德建设的实效性起到一点指导作用。

第二节 国内外研究现状

一、国外学者对中华民族传统道德的研究

在国外，学者们对中华民族传统道德的研究与对儒学的研究是交织

在一起的，大都认可传统儒家道德理念是应对现代工业文明弊端的珍贵智慧。英国著名学者罗素20世纪20年代初到中国访问后，写成《中国问题》一书，其中认为："一个普通的中国人可能比英国人贫穷，但却比英国人更快乐。这是为什么呢？因为他们国家的立国之本在于比我们更宽厚、更慈善的观念。我相信，中国人如能对我们的文明扬善弃恶，再结合自身的传统文化，必将取得辉煌的成就。"美国传教士亚瑟.史密斯1894年出版《中国人的性格》一书，以一个西方传教士的眼光站在西方文明优胜者的立场审视古老的中华帝国，比较客观地总结了中国人26个方面的品性，大都和传统道德有关。他还指出，中国人最缺乏的是社会担当的勇气及正直的品性，而不是聪明才智。德国学者马克斯·韦伯在《儒教与道教》一书认为中国传统的儒家道德作为一种世俗伦理，通过层层教育，其价值观最终熏陶出了中国人的特有"气质"。英国著名历史学家汤因比对中国传统文化大加赞扬，认为"在漫长的中国历史长河中，中华民族逐步培育起来的世界精神"，可以"成为世界统一的地理和文化上的主轴"。"中国人无论在国家衰落的时候，还是实际上处于混乱的时候，都能坚持继续发扬这种美德。"中华民族传统道德对国外的实际影响主要集中在东亚和东南亚地区，尤其是近现代以来亚洲四小龙的崛起与快速发展，在很大程度上展示出传统儒家道德与现代社会有机结合的可行性。同时，现代化工业社会发展中出现的一些全球性的难题，也给中华民族传统道德时代价值的展现提供了新的契机。日本大东文化大学教授沟口雄三说："现在，人类面临着利己主义还是共生主义问题。这正是儒学再次崛起的契机，因为儒学才是关注人类最根本问题的思想。儒学的共生主义正体现在'达己必先达人'的精神中。"韩国国立大学哲学科尹丝淳教授说："特别是儒教的人尊、人道思想，才是纠正现代文明弊害的珍贵的智慧。"新加坡前总统李光耀说："我成长于三世同堂的家庭，这就不知不觉地使我推崇儒家思想。儒家思想认为如果人人都争做'君子'，那么社会就能实现良性运转。儒家内在的哲学观念认为如果想要一个社会实现良性运作，你就必须考虑到大部分人的利益，社会利益必须优先于个人利益。"这些都是在肯定传统儒家伦理思想有助于维护健康良好、温馨和谐的社会秩序。

二、近百年来国内对中华民族传统道德的研究概况

中华民族传统道德源远流长两千多年，尽管其中不乏佛道等思想影响，但主要还是指传统的儒家道德主张。近百年来，伴随着中华民族寻求独立、解放、发展和复兴的脚步，对中华民族传统道德的思考与研究也经历了一个不同寻常的世纪过程。1910年蔡元培写成我国第一部伦理学史著作《中国伦理学史》，以科学的方法分析和评价了中国古代各个历史时期及其在中国历史上影响深远的各家伦理学说。在此书中蔡元培还将法兰西革命中所提出的自由、平等、博爱同中国古代的传统道德观念进行比较研究，主张中西融通、互相学习。在其后的新文化运动及"五四"运动中，基于对中国当时积贫积弱的社会现实的反思，传统道德遭到深刻批判，但是，新文化运动的领军人物陈独秀曾说："我们不满意于旧道德。是因为孝悌范围太狭了。说什么爱有等差，施及亲始，未免太滑头了。现代道德的理想，是要把家庭的孝悌扩充为全社会的友爱。"由此可见，新文化运动时陈独秀等并没有一概否定以传统道德为核心的传统文化，只是认为传统道德太狭隘了，应该进行现代性的扩充。此后，现代新儒家们开始尝试从不同的角度重树儒家传统道德。梁漱溟在《东西文化及其哲学》中认为中国文化以孔子为代表，以儒家学说为根本，以伦理为本位，它是人类文化的理想归宿，比西洋文化要高妙得很，并认定"世界未来的文化就是中国文化复兴"，只有以儒家思想为基本价值取向的生活，才能使人们品尝到"人生的真味"。冯友兰在《新理学》《新世训》等书中将儒家传统道德分为不同的层次，认为不同时代的道德标准是不同的，充分回答了当时社会上的"中西道德之争",也就是说,新的社会发展类型需要新的道德与之相适应,并不是中国的传统文化不可取。贺麟站在现代社会的角度,在《文化与人生》中尝试重建儒家道德的形而上,从艺术、宗教、学术中探求道德的具体美化、社会化、平民化和开明性。面对西方文化的强烈冲击,熊十力则认为民族文化是民族生存与发展的前提,他对传统儒家思想进行彻底反思,吸纳百家,融通儒佛,提出了"体用不二"的新性善论。

1949 年中华人民共和国成立后,共产主义思想道德体系的建设是当时国家和社会的主流。20 世纪 50 年代后期开始,随着极左思潮对社会方方面面影响的深入,以及"文化大革命"的爆发,不仅是传统道德文化,而且连道德文化本身都受到了强烈的冲击。1958 年,牟宗三、徐复观等联合发表《为中国文化敬告世界人士宣言》,指出中国文化的人文道德精神是好的,但缺乏民主与科学,故应在高扬自身道统的同时,借鉴西方文化,开出学统,建设政统。由此宣告了儒学思想在经过五四以来沉痛打击以后开始再次活跃于现代中国的思想舞台。

20 世纪末至 21 世纪初,传统道德问题再次成为国内学者研究的热点。张岱年、汤一介、罗国杰、陈瑛、唐凯麟、朱贻庭、张锡勤、郭齐勇、万俊人、陈来、吴潜涛、肖群忠等学者都从多方面、多角度地研究了儒家传统道德。1996 年张锡勤的专著《中国传统道德举要》向人们详尽地介绍了以儒家道德范畴为主线的中国传统道德规范的发展史;2008 年张锡勤、柴文华主编的《中国伦理变迁史稿》则按照从古到今的八个时段把中华民族传统伦理道德的发展变迁一直写到了当代。1995 年罗国杰主编的《中国传统道德》丛书(共五卷),以一种系统的角度重新归纳与整理了传统道德理论线索;2012 年罗国杰所著的《传统伦理与现代社会》以先秦伦理思想为基点,论述了中国传统伦理思想的形成和发展历程,探讨了儒家伦理规范体系的完善及其正统地位的确立,以及封建伦理思想的深化和成熟。在此基础上,该书又分析了中国传统伦理思想对现代社会治国兴邦和道德建设的借鉴意义。1989 年朱贻庭主编的《中国传统伦理思想史》出版，力求站在现实的高度来回顾历史，同时努力根据马克思主义理论来进行具体分析，运用历史和逻辑统一的方法来解释中国传统伦理思想的基本特点及其演变规律，实现了"史"与"论"的有机结合。1989年张岱年的《中国伦理思想研究》出版，对传统道德的层次序列、阶级性与继承性，以及传统纲常都进行了历史的、科学的分析。1999年，唐凯麟、张怀承主编的《成人与成圣：儒家伦理道德精粹》一书不仅认真梳理了儒家道德思想发展的历史沿革，而且将儒家道德范畴整理为体系。此外，樊浩所著"中国伦理精神三部曲"——《中国伦理精神》《中国伦理精神的历史建构》《中国伦理精神的现代建构》等也是比较具有代表性的著作。2004年，许嘉璐、季羡林、任继愈、杨振宁、王蒙五位老教授作为发起人发布《甲申文化宣言》指出，"我们确信，中华文化注重人格、注重伦理、注重利他、注重和谐的东方品格和释放着和平信息的人文精神，对于思考和消解当今世界个人至上、物欲至上、恶性竞争、掠夺性开发以及种种令人忧虑的现象，对于追求人类的安宁与幸福，必将提供重要的思想启示"。

三、国内对于中华民族传统道德传承问题的研究

（一）对中华民族传统道德传承原因的研究

中华民族传统道德传承数千年而生生不息，其传承原因何在？张岱年先生认为以传统道德为核心的中国传统文化虽然经历了几次严重的冲击，但是也还含储着内在的活力和潜在的生机。儒学尽管有保守的倾向，但也包含着一定的积极进取精神。这种积极进取精神的集中概括就是《周易大传》的两句话："天行健，君子以自强不息。"中华民族在几千年的历史过程中，虽然时进时退、时治时乱，经历了曲折的道路，但始终表现了坚强不屈的精神。"天行健，君子以自强不息"正是鼓舞

志士仁人不断前进的精湛思想。① 刘刚从"天人合一""天人合德""中庸之道""义利统一"等中国传统道德这些复杂的个性特征中,发现中国传统道德具有普遍意义的内在联系,这种内在联系的特质,就是传统道德体系中最具有活力的传承基因。② 苏州大学姚剑文博士的论文《政权、文化与社会精英—中国传统道德维系机制及其解体与当代启示》从社会政治学的角度对道德问题进行分析,认为汉代中期以后,在儒家文化和国家政权的紧密互动当中,中国传统道德维系机制日益定型并结构化:以儒家的"道""天命"为道德的终极价值依据,由国家政权的道德教化、儒家文化的道德濡化和社会精英的道德承化构成。

(二)对中华民族传统道德的继承问题的研究

关于对传统道德的继承问题,尽管早在20世纪五六十年代著名哲学家冯友兰先生就提出了对传统道德的抽象继承法,历史学家吴晗提出了历史继承法,但是,在当时"左"的思潮影响下,这些学术性的讨论完全被政治批判所替代。经历了20世纪80年代"全盘西化"的自由化思潮之后,现在学界基本上都认可"批判继承"的基本原则。罗国杰教授指出:"对于传统道德的态度,应当以历史唯物主义为指导,坚持批判继承、弃糟取精、综合创新和古为今用的原则。'批判继承'是总原则,强调继承是有批判、有选择、有目的的,'弃糟取精'是一个重要要求,强调继承是经过咀嚼、经过消化的继承。"③ 关于何为"糟"、何为"精",罗国杰教授认为,概括说来,"三纲"基本上属于腐朽和束缚人性的"糟粕",应当彻底予以否定,而"五常"则可以视为维护人与人之间和谐发展的"多少带有民主性和革命性"的重要纽

---

① 王守常:《师道师说张岱年卷》,北京:东方出版社,2013年版,第158页
② 刘刚:《中国传统道德的传承活力研究》,《郑州大学学报哲社版》,2003年第6期
③ 罗国杰:《对中国传统伦理道德的批判继承问题的思考》,《高校理论战线》,1994年第2期

带,是中华民族传统道德中的精华,我们要持分析和"扬弃"的态度。① 李建华教授认为道德有一般与特殊之分,一般道德的抽象性和特殊道德的具体性决定了二者继承方法的选择,即前者抽象继承,后者批判继承。因此,现实生活中的道德继承需兼顾两面,即采用"一体两面相结合"的道德继承模式。②

(三)关于中华民族传统道德与现代社会的承接、转换研究

思考并建构中国特色社会主义道德体系一直是伦理学、思想政治教育等专业头等重要的研究任务。万俊人教授认为,20世纪以来中国现代性道德转型的核心基本就是批判、告别传统道德。但是,20世纪中国道德文化传统的现代命运基本上仍限于"道德革命"和"革命道德"的消耗,缺乏建设性的道德资源积累,因而未能真正摆脱其"现代性"道德的文化困境。③ 李萍教授认为思想道德建设要"与中华民族传统美德相承接",我们就必须接受两种考验:一是如何在开放的社会背景下,坚守中华民族创建的"道德家园"及其道德传统,自觉地与世界不同的文明传统进行对话,使民族的道德传统理性地"融入"人类文明之宝库;二是如何在现代社会变迁的历史维度上,不断丰富和发展道德传统,使之对世界文明的发展有贡献。④ 中山大学林楠博士的论文《中国道德建设的历史承接性研究——传统美德的读解与转换》将研究的选题确定在中国道德建设的历史承接性,试图在深入探究我国社会道德发展特质的基础上,解开社会主义道德体系与传统美德"如何承接"的矛盾和难题。她从中华民族丰厚的传统道德资源中凝练出能够体现传统道德核心价值的精髓:"仁爱精神""自省自律"与"和谐境界"。

---

① 罗国杰:《论中华民族传统道德"精华"与"糟粕"》,《道德与文明》,2012年第1期
② 李建华:《论道德继承》,《伦理学研究》,2011年第7期
③ 万俊人:《世纪回眸:"道德中国"的道德问题》,《天津社会科学》,2001年第3期
④ 李萍:《现代道德的传统承接:可能与实现》,《中山大学学报社会科学版》,2004年第4期

并由此研究传统美德的现代价值转换的实现,即秉承传统精华的当代伦理精神的重塑过程,依赖于传统美德与当代日常生活的耦合过程,显现于社会主义荣辱观的典型范导。西南大学于洪燕博士的论文《中国传统"道德"内涵的现代解读与转换》从如何重新构建现代学校的德育体系出发,通过对传统"道德"的历史考察,指出传统"道德"是一个动态的内涵丰富、源于生活、关注生命的概念,是当前我国道德文化建设和现代学校德育改革的重要资源和有机组成部分,具有不可替代的独特价值。因此,用现代的眼光重新审视中国传统"道德",发掘其真正的内涵,改变将道德视为单纯的调节人与人、人与自然、人与社会之行为规范的认识,而将其视为"人自身对世界的一种精神的把握方式",才应该是我们今天重新思考学校德育改革的起点。

(四) 中华民族传统道德与中国特色社会主义道德建设的融合研究

唐凯麟教授认为中国的社会主义道德建设离不开本民族的优良道德传统。儒家传统道德文化作为中华民族传统道德文化的核心,虽然在本质上有别于社会主义道德体系,但其所包含的合理成分与积极因素却是当前社会主义道德建设不可忽视的历史依托与优良的文化资源。剔除其封建性糟粕内容后,儒家的仁爱思想以及家庭人伦道德、"敬业之要""处世之德"等道德观念,与社会主义道德精神和"三德"建设都有着内在的历史联系,值得认真借鉴和批判继承。① 肖群忠教授认为在中国特色社会主义道德建设中,传统道德中的个体修身道德、家族道德、社会及行业道德中的合理因素可以直接被已经变化了的当代民众的日常生活所继承。② 于溪滨认为,现代化的传统道德与构建和谐社会息息相关,代表了和谐社会的道德价值取向。郭齐勇教授认为,在建设中国特色社会主义伟大事业的进程中,儒家"仁爱""恕道""诚敬""忠信"等思

---

① 唐凯麟:《儒家传统道德观念与社会主义道德建设》,《河北学刊》,2008 年第 6 期
② 肖群忠:《传统道德资源与现代日常生活》,《甘肃社会科学》,2004 年第 4 期

想都有助于净化世道人心，抵制拜金主义和坑蒙拐骗等失德行为。中国政研会（即中国思想政治工作研究会）、中宣部政研所课题组认为仁、义、礼、智、信是中华传统文化的重要价值理念和基本精神，是中华传统美德的核心价值观。当前，大力弘扬这一传统美德，对于提升公民个体和社会整体的道德水准、培育弘扬中华民族精神、改善社会风气、提高整个社会的文明程度、推进社会主义和谐社会构建、促进民族认同和祖国统一，都具有十分重要的意义。①

（五）中华民族传统道德与社会主义核心价值观的融合研究

党的十八大报告提出，要"倡导富强、民主、文明、和谐，倡导自由、平等、公正、法治，倡导爱国、敬业、诚信、友善，积极培育社会主义核心价值观"。李宗桂教授认为社会主义核心价值观在国家层面和个人层面上，整体来说都与中华优秀传统道德文化血脉相连；社会层面的自由、平等、公正、法治，既具有鲜明的时代要求，也是历史上仁人志士的向往与追求。因此，优秀传统道德文化是我们今天建构核心价值观重要的资源和支撑。李建华教授认为社会主义核心价值观不仅是中华民族优秀文化的有机组成部分，融入于我国的传统习惯、风俗礼仪等隐性社会规则之中，对社会行为进行规制，而且更重要的是在由传统向现代转型的文化大变革中发挥着引领和助力功能。② 已故伦理学家罗国杰教授认为"社会主义核心价值观要入耳入脑入心、敦化为民风民俗民德，一条重要的途径，是必须与中华文化的根本相融通，生长于斯、发展于斯、创新于斯"③。宋志明教授认为，社会主义核心价值观是时代性与民族性的统一，是中华价值观的创造性转化、创新性发展，能够

---

① 中国政研会、中宣部政研所课题组：《弘扬以仁义礼智信为主要内容的中华民族传统美德研究报告》，《思想政治工作研究》，2007年第6期
② 李建华：《论社会主义核心价值观的动力机制》，《中国社会科学报》第429期
③ 罗国杰、夏伟东：《古为今用推陈出新——论继承和弘扬中华传统美德》，《红旗文稿》，2014年第7期

促进中华民族文化自信的重建。① 肖群忠教授认为,社会主义核心价值与中华民族核心价值"新六德"(指习近平总书记指出的"讲仁爱、重民本、守诚信、崇正义、尚和合、求大同")支撑相互,前者是对后者的继承超越,后者是前者的源头活水和生命力、影响力所在。② 吴潜涛教授认为,在社会主义核心价值观里面,很多价值理念都与中国先哲的思想有异曲同工之妙。弘扬优秀传统道德文化,就是要通过吸取中华传统文化中超越时代和阶级的优秀价值理念,再结合当前时代的特点和国家建设的需要,充实社会主义核心价值观的新内涵。③ 陈来教授认为,以中华传统美德的传承和实践为条件、为落脚点来进行具体构建社会主义核心价值的实践,这是根本。同时一定要将两者关系突显出来。④ 郭齐勇教授认为:如果剔除仁义礼智信忠孝诚恕等这些传统道德规范的历史负面性和局限性的一面,现代社会完全可以提炼、活化它们其中的合理因素,然后推行到生活的很多方面。唐凯麟教授认为:某些传统伦理精神可以成为促进现代市场经济发展的精神动力。⑤

同时,近年来,学者们对于传统儒家道德问题进行了多次较大规模的专题性的研究和讨论,都帮助人们进一步认清了儒家传统道德与当代社会主义道德文明建设,与当代公共生活之间的联系。

综上所述,尽管一百多年来对于中华民族传统道德的研究一直没有间断,而且近二十多年来还成为一个备受社会关注的热点问题,但是,在探究中华民族传统道德的传承原因及其当代价值方面,还有所欠缺。

---

① 宋志明:《中华传统美德的与时俱进——从"其命维新"看核心价值观自信》,《人民日报》,2015-12-27(5)
② 肖群忠:《仁义信和民本大同——中华核心价值"新六德"论》,《道德与文明》,2014年05期
③ 吴潜涛:《培育和践行社会主义核心价值观要打牢根基》,《光明日报》,2015-3-(7)
④ 陈来:《中华传统文化与核心价值观》,《光明日报》,2014-08-11(16)
⑤ 《专家纵论:让道德软实力激发正能量——专家学者谈"实现中华传统美德的创造性转化"》,《精神文明导刊》,2016年第7期

关于传统道德的传承原因，除了苏州大学姚剑文博士的论文《政权、文化与社会精英——中国传统道德维系机制及其解体与当代启示》从社会政治学的视角，较为系统地阐释了国家政权的道德教化、儒家文化的道德濡化和社会精英的道德承化构成了中国传统道德坚固的维系机制外，其他大多是限于探索某种具体道德精神，或者某些道德特性的传承活力。欠缺了从历史唯物主义立场出发，宏观把握从社会到家庭、从内在到外在对传统道德两千多年传承不断的整体性、综合性原因的研究与探讨。关于传统道德的当代价值，大部分研究都是从中华民族传统道德文化中的"仁""和"等基本思想有利于当前和谐社会的建设出发，把"孝悌忠信、礼义廉耻"或者"仁义礼智信"等具体的传统道德规范进行批判继承后，一一对应于当前的社会道德建设。但是，这些研究欠缺了从古代传统道德的传承原因和机制中探索对今天社会道德建设的启示。本选题正是力求在这两个方面能拓展研究新思路，完善一些宏观思考、微观探究的不足。

第一章

传统道德概述

"道德"（Morality）一词来源于拉丁语的 Mores，就是最通俗意义上理解的风俗和习惯。在后来的社会发展过程中，人们通常讲的道德都代表了社会的正面价值取向，对人们的生活及其言行起着价值判断与指导的作用。对于道德以及传统道德等的认识、界定是展开中华民族传统道德的传承与当代价值研究的前提。

第一节　马克思主义道德观简述

道德是人类历史上最早出现的社会意识形态之一，有关道德的起源、形成、发展和本质等历来是学术界争论不休的问题。科学地认识道德是正确认识和分析社会道德现象的前提与基础。

一、马克思主义产生之前的道德学说介绍

马克思主义产生之前，关于道德的起源、形成与本质等问题探讨已有各种见仁见智的不同认识。总结起来有以下几种。

（1）道德起源于神的启示。这是一种客观唯心主义理论，它把道德归结于上帝或神灵的意志和启示。中国古代的孔子认为"天生德于

予","仁义制度之教,尽取于天"。西方先哲苏格拉底、柏拉图断言"善的理念"是"超乎存在之上"的至善或善本身,德行是灵魂对至善的回忆。欧洲中世纪的科学家认为道德起源于上帝。黑格尔认为道德是一种不依人而单独存在的"绝对理念",而在列宁看来这就是一种被冲淡了的神学。

(2)道德起源于人的主观意志。这是一种主观唯心主义理论,它认为人先天固有善良或邪恶的意志,道德是人先天所具有的禀赋。中国古代的孟子认为"人之初,性本善","仁义礼智,非由外铄吾也,吾固有之也"。也就是说,道德天然地根源于人心,是所有人先天固有的内在良知。康德认为道德律令是由"先于经验","纯乎自发"的善良意志所产生的。因为,人天生带有的"纯粹理性"可以帮助人确立普遍必然的道德律令,即"绝对命令"。

(3)道德起源于动物的本能。这是一种机械唯物主义的观点,它从进化论的角度出发,认为道德观念起源于动物在"社会"中的"生存竞争"或互助的本能,而人类社会的道德是动物合群感的延续和复杂化。德国思想家考茨基就认为如动物的合群、虎毒不食子、乌鸦反哺等都是一种道德,因此,人的道德是动物本能的一种进化。

(4)道德起源于人的自然本性。它是从人出发,认为道德来源于人的自然本性的欲望,是基于感官需要和生理本能的人性的自然表现,而恶行、罪过只不过是人性的歪曲。如霍布斯的"自我保全"论、爱尔维修的"合理自爱"论都属于这种观点。他们认为道德作为一种人们评价或讨论善恶、美丑的主观标准,应该以所有人与生俱来地追求幸福和享受的欲望为基础。这种观点把道德从虚幻的天国拉回到了世俗的人间,将道德从宗教神学的桎梏中解放出来,但他们所说的人的本性是抽象的人性,脱离了社会关系的永恒的人性,因而最终与唯心主义殊途同归。

二、马克思主义道德观

马克思主义社会道德观是19世纪中叶随着马克思主义的创立而产生的，是在批判继承前人优秀道德遗产的基础上，弘扬了历史上劳动人民优秀的道德品质和传统后创立起来的科学的道德理论。

（一）道德起源于人类的社会实践活动

马克思主义唯物史观认为，道德属于社会上层建筑和社会意识形态，必须从人们的社会存在，即从人类社会初期的生产实践活动中去寻找道德的起源。马克思指出，人们进行生产的物质条件，决定人们的观念和品质。"一切以往的道德论归根到底都是当时的社会经济状况的产物。"① 这就是说，尽管道德作为一种意识形态是由社会经济基础所决定的，但它不能直接从物质生产中产生出来，而是产生于社会关系中，产生于人与人之间的关系中。因此，研究分析任何人的任何行为品德，都应该从他所处的社会关系入手去进行考察，人不能脱离现实的社会而生活和行动。这是人的社会性的体现。

（二）道德具有时代性和阶级性

梳理、分析任何社会道德的发展历史，都必须首先把要考察分析的道德还原到它存在于其中的社会现实中去，因为社会经济状况决定包括道德在内的社会意识形态，这是我们研究社会意识形态的方法论基础。同时，马克思主义认为自从人类社会发展分裂为利益相对的阶级以来，在一切阶级社会里，人们的道德观念、道德规范、道德原则和评价道德的标准都带有阶级的性质。其实，"社会直到现在还是在阶级对立中运动着，所以道德始终是阶级的道德"②。"只有在不仅消灭了阶级对立，而且在实际生活中也忘却了这种对立的发展阶段上，超越阶级对立和超

---

① 《马克思恩格斯选集》第3卷，北京：人民出版社，1995年版，第134页
② 《马克思恩格斯选集》第3卷，北京：人民出版社，1995年版，第134页

越对这种对立的回忆的、真正人的道德才有可能。"这就是说,在阶级社会里,道德具有典型的阶级性,或者说,每一个时代,各个阶级都有自己特有的道德。马克思主义道德观是无产阶级的道德观。

(三)道德具有共同性和继承性

时代性和阶级性决定了在阶级对立的社会里,分属于不同阶级的道德之间的对立与排斥。但是,即使在阶级对立的社会之中,因为国家、社会发展的需要,也必然存在个人和阶级利益之上的共同利益,与此相关的共同道德的存在也就理所当然。恩格斯曾在《反杜林论》中运用"偷盗"的例子来论证共同道德的存在。私有制产生以后"不准偷盗"一直作为道德戒律沿用了下来而成了各个阶级"共同"的道德原则,列宁称它为"公共生活规则"。当然,公共生活规则不是唯一的共同道德,当一个民族的生存与发展面临危机时,为了民族的独立与自由而共同抵御外敌入侵,是一种更为重要的共同抵抗的道德。当遭遇外敌入侵时,任何民族都需要全民族奋起抗战,这是维护民族生存与发展最重要的道德。

道德作为一种社会意识形态,在其历史发展过程中有阶级性的差别,也有普遍性或共同性的存在;有发展中的变革性,也有其不变的继承性,即道德的前后承续。列宁曾说:"无产阶级文化应当是人类在资本主义社会、地主社会和官僚社会压迫下创造出来的全部知识合乎规律的发展。"[①] 这个论断完全适用于对道德继承性的理解。无产阶级道德、共产主义道德都要建立在以往人类全部发展过程中的道德基础之上。因此,结合现代社会的实际需要,批判地继承历史上代代传承下来的道德价值观念为我们所用,才能逐步建立起科学有力、完善严谨的新时代的道德建设理论体系。

[①] 《列宁全集》第39卷,北京:人民出版社,1986版,第299页

(四) 道德崇尚公正和自由

公正是道德应有的内涵和范畴，但是衡量公正的标准是伴随历史的变化而变化的。无产阶级所追求的社会公正的实现是以消灭阶级和私有制为前提的，但在社会主义初级阶段，尽管剥削阶级已经被消灭，真正的公正还很难实现，正如列宁所说，"在共产主义第一阶段还不能做到公平和平等，因为富裕的程度还会不同，而不同就是不公平"[①]。同时，马克思主义道德观中的公正不是绝对的，更强调"自由与平等、权利与义务"的有机统一。

资产阶级政权确立巩固以后，"自由、平等、博爱"等人道主义的资产阶级启蒙思想逐渐失去了其在反封建方面的进步性。马克思主义道德观主张无产阶级的人道主义应当同反对剥削和压迫密切联系，在对资产阶级人道主义思想进行批判继承的基础上，把无产阶级人道主义推向了更高的道德境界，其最终目标是实现所有人的自由全面发展。人只有在"一个以各个人自由发展为一切人自由发展的条件的联合体"中，才能真正实现自由全面的发展。也就是说，经过漫长的道德自发阶段后，要推进道德的自觉自由，只有到这时，社会的公正才能真正得以实现。

总之，马克思主义道德观的上述基本观点，对于当前我们探讨在批判继承中华民族优秀道德传统的基础上培育和践行社会主义核心价值观，有着非常现实的指导意义。

三、马克思主义道德观与中国传统道德观的关系

道德是一种社会意识形态，道德观念的发展最终是由社会生产力、生产关系决定的。任何一种道德观，只有在历史的长河中不断得到继承

[①] 《列宁全集》第31卷，北京：人民出版社，1985版，第89页

和发展,并结合不同的时代主题进行批判性的扬弃,才能传承延续下去。当前,我们所进行的中国特色社会主义文化建设、道德建设,既离不开传统道德文化的涵养与支撑,也离不开现实中马克思主义的指导。汤一介先生曾经指出:在建设中国特色社会主义的伟大实践中,我们不仅新旧传统都不能丢,而且还要逐步使新旧两个传统在有机结合中实现创新。① 党的十九大报告更是明确指出,发展中国特色社会主义文化,要以马克思主义为指导,坚守中华文化立场,立足当代中国现实,结合当今时代条件。因此,理清马克思主义道德观与中国传统道德观的关系,是研究中国数千年传统道德的传承与当代价值、对中国优秀传统道德的价值理念进行合理继承的重要前提。

(一)马克思主义道德观与中国传统道德观的契合与相通

中国传统道德思想的形成、丰富和完善是在一个漫长的历史过程中完成的,作为人类社会发展中的一份优秀的道德文化遗产,其道德价值观念与马克思主义道德观具有一定程度的相通性,比如,在人文关怀、和谐共处、集体主义、公平正义等的追求方面,二者都有相互契合的某些成分。

在人道关怀方面:马克思主义道德观从现实社会关系中的人出发,重视人作为主体的价值实现和自由发展,强调要充分发挥人的主观能动性;中国传统道德观则以"仁爱"为主线,重视"人本",突出人道,孔子就曾指出"仁"是人之所以为人的核心要素。在和谐共处方面:马克思主义道德观以历史唯物主义为基础,强调尊重不以人的意志为转移的客观规律以促成各种关系的和谐;中国古代传统道德思想则始终追求"和为贵""和而不同",进而达成天人合一的理想境界。在集体主义思想方面:马克思主义道德观所追求的"全人类每个人的自由发展"

---

① 汤一介:《瞩望新轴心时代——在新世纪的哲学思考》,北京:中央编译出版社,201版,第140页

的道德理想，最终是实现共产主义，这是集体主义题中应有之义；我国传统道德思想一贯倡导"天下为公"的理念，强调个人服从整体，集体主义思想非常典型。在公平正义方面：马克思主义既强调公平，也主张社会利益与个人利益的有机统一；中国传统道德则始终坚持"以义为上、以义为重、以义统利"，两者也有相通之处。再有理想主义色彩的社会规划方面，马克思主义所设想、追求的共产主义社会与中国传统道德价值观中所描绘的大同世界，均具有理想主义的成分。

（二）马克思主义道德观对中国传统道德思想的发展与超越

马克思主义道德观是以历史唯物主义为指导的无产阶级道德观，与产生于传统小农经济基础之上的中国传统道德观相比，具有典型的科学性、先进性和系统性，相对于中国传统道德思想而言，马克思主义道德观是一种巨大的发展与超越。首先，人作为社会活动的主体，马克思主义道德观始终强调人在认识和改造自然过程中的主观能动作用。中国传统道德思想则一直强调对自然和权威的顺从，压抑人性。对于很多学者指出的中国传统民众的顺从性、奴隶性人格的形成，这种强调权威与顺从的传统道德观念难咎其责。马克思主义道德观更重视人的积极性和主观能动性，这更契合现代社会发展的需要。其次，在马克思主义道德观中，"公"的最终目标即实现共产主义，造福全人类，这是马克思主义所追求的最高道德理想。中国传统道德观尽管也奉行"天下为公"，但"天下"的概念在传统道德思想中一直是模糊而不清晰的，传统的"家国一体"社会模式决定了"天下"就是一朝一姓的狭隘意义上的"天下"，即"溥天之下，莫非王土；率土之滨，莫非王臣"，而忽视了推动整个社会发展的群众的根本利益。最后，马克思主义道德观是为争取全人类利益而奋斗的，中国近百年的革命和建设实践已经充分证明了其理论的科学性和可行性。中国传统道德思想虽然蕴涵丰富的道德智慧、完善的道德规范，但其明哲保身、中庸保守的价值取向使得人们在社会生活中大多只注重自身的道德修养，在一定程度上造成了人们对现实事物客观认识的欠缺，制约了人的创新思想发展，并进而在后期阻碍了生产力的发展和社会的进步。①

第二节　中华民族传统道德的界定

中国自古就是礼仪之邦，道德从上古发展而来，传说中尧、舜、禹、周公等都是道德的楷模。中华民族的传统道德源远流长、生生不息，至今仍然深深影响着中国人乃至东亚人群社会生活的方方面面。了解"道德"一词在中国历史上的形成与发展历程、清晰界定中华民族传统道德的基本内容，这是当前我们挖掘和阐释中华民族优秀传统道德的时代价值，从而进行创造性转化和创新性发展的基础工作。

一、"道德"的出现

在中华古文明发展的早期，道、德二字已经出现，但是含义不同，是两个概念。直到春秋时期，"德"字与"道"字还是分开讲的，并分属两个层次。张岱年先生在《中国古典哲学概念范畴要论》中指出，那时的"道是原则，德是遵循原则而实践"，并无道德一词。道德二字的连用始于《易传》和《荀子》，但此时仍为二词。《强国》中联为一词，汉代以后成为名词。

（一）"道"的出现

"道"的原义是指人由此达彼所行经之路。有学者考证，在甲骨文中尚未出现"道"字，在西周的铜器铭文中最早发现了"道"字。《说

---

① 周辉：《马克思主义道德观与中国传统道德观的"合"与"分"》，《学术论坛》，2013年第7期

文解字》说:"道,所行道也,从首。一达谓之道。"《易经》中多是从这个意义上使用"道"字。春秋时期人的自我意识逐渐加强,而且已经观察到自然界的寒暑更迭、日夜轮回等都是自然而固有的规律。在本体论中,"道"是"先天地生"的精神本体、"天地之母""万物之宗";在规律论中,"道"是自然运化之规律,不依人的主观意志为转移。后来的《易大传》便从这个角度强调"形而上者谓之道",人之道就是道德伦理。在此,对于"道"的本质的规定,对以后的思想家产生了重要影响。这个影响就是将前期儒家孔孟所讲的"人道"升华为一种以仁义道德为内容,以天理自然为依据,以维系纲常名教为目的的普遍真理的天人合一之道。

(二)"德"的出现

关于"德"字,大部分学者认同"德"字的出现与自觉的"德"的观念的产生是武王克商的结果。也有学者认为商代甲骨文中的"徝"字即为"德"字的最初形态,但是,一般认为,这些"德"字均从"行"从"直"(目),基本为视而有所得、目而有所见之意,并不具有精神性的内容,还不是后世所言"道德"意义上的"德"。周代金文中的"惪"实际上是在甲骨文的"徝"字下面加了一个"心"字,《说文解字·心部》认为,"惪外得于人,内得于己也,从直,从心",因此从字体上看,直心而行即是"德"。郭沫若认为,"德字照字面上看来是从徝(古直字)从心,就是说要端正心思,即《大学》上所说'欲修其身者先正其心'……德不仅包含着正心修身的工夫,而且还包含有治国平天下的作用"。① 由此可见,"德"首先是与人的心意、思想等精神活动紧密相关的。从《诗经》《尚书》等传世文献和西周青铜器铭文中关于"德"字的用法来看,"德"主要是指高尚的品格和行为,

---

① 张锡勤、柴文华:《中国伦理道德变迁史稿》上卷,北京:人民出版社,2008年版,第39页

而非规范。"德"的出现"是周人看到专恃天命的商代覆亡，感到'天命无常'，因而提出'德'来济天命之穷"。

（三）"道德"的出现

从以上阐述中我们可以看到，道与德在古代是分开讲的两个字。不管是先秦道家老子《道德经》中"道生之，德畜之，物形之，势成之。是以万物莫不尊道而贵德。道之尊，德之贵，夫莫之命而常自然"的阐释，还是儒家孔子《论语·述而》中"志于道，据于德，依于仁，游于艺"的论述，道与德都是两个概念。"道德"联用，散见于先秦的典籍中。学界一般认为，将"道德"二字连用，合为一词而作为一个范畴使用始于儒家荀子的《劝学篇》："故学至乎礼而止矣，夫是之谓道德之极。"此外还有《强国篇》"故赏不用而民劝，罚不用而威行，夫是之谓道德之威。"传统道家在战国后期的著作中也出现"道德"一词的使用，如《天道篇》说："寂寞无为者，天地之平而道德之至。"天地本系二名，联为一词；道德亦本系二名，亦联为一词。因此，到战国后期，不论是儒家还是道家，都将道德二字联用，到汉代以后，道德成为一个流行的名词了。[①]

二、中华民族传统道德的最高原则和核心规范

中国古代的传统道德理念萌芽于西周，形成于春秋战国，定型于两汉，经过两千多年的历史发展和演进，传统伦理道德文化浩瀚渊博，在其发展过程中形成了名目繁多、内涵丰富的诸多道德规范或德目，无处不在的德行规则，覆盖全民的道德教育思想，独具特色的修身之道，等等。汉代以降的两千多年的中国古代社会中，道德是架构整个社会的核心要素，尽管朝代更迭不止、江山易主不断，但是，三纲五常始终是中

---

① 张岱年：《中国伦理思想研究》，北京：中国人民大学出版社，2011版，第24页

国古代传统道德体系中的最高原则和核心规范。

"三纲"的发展与历史地位。汉代的董仲舒在总结前人的基础上系统地提出了"三纲"和"五常"的伦理政治主张,"五常"出现在他的《举贤良对策》中;"三纲"则出现在《春秋繁露》中。"三纲"即"君为臣纲、父为子纲、夫为妻纲";"五常"即"仁、义、礼、智、信"。东汉末年开始出现"三纲五常"的连用,并认为"三纲五常"是夏商周三代就开始所"因"的不可变更的、可求于天的王道。直至清末戊戌变法时期张之洞作《劝学篇》,仍在阐述说:"'君为臣纲,父为子纲,夫为妻纲',此《白虎通》引《礼纬》之说也。……圣人所以为圣人,中国所以为中国,实在于此。"由此"绝康、梁并以谢天下"。其实,在先秦儒家的思想中,尽管重视人伦道德关系,但尚没有出现后来"三纲"中那种上下、尊卑关系的绝对性。汉代"三纲"之说实际上是先秦儒家思想发展至汉时,被汉代儒士"损益"的结果,或者说是创新性的发展,是为维护当时大一统的集权统治这一"新命"而创新发展出来的可求于天的王道。因此,尽管"三纲"并非先秦儒家所真正追求的"天道""常道",但是它适时地迎合了自秦汉就出现的中央集权的古代中国社会发展的需要,进而发展成了维护等级森严的宗法社会结构的有力工具。此后,在我国两千多年的历史进程中,"三纲"地位从未动摇过,直到清末。因此,"三纲"一直都是古代中国传统道德体系,乃至整个社会治理系统中的最高原则,是世世因循、不可变更的王道、常道。

"五常"的发展与历史地位。"仁、义、礼、智、信"的"五常"是从先秦儒家讲的"四德"(仁、义、礼、智)发展而来的。"常"是永恒不变的意思,最初的"五常"是指处于特定社会关系和地位中的"君子"们所应当遵守的特殊道德规范,汉代儒生董仲舒用道家的"五行相生"推生出"天道"不变的"五常"。后来"三纲"和"五常"并举,一直担当着中华民族核心道德规范的重大功能,统领着整个社会的道德规范体系，左右着整个社会的道德教化。在其后的历史发展中，经历了魏晋玄学的反思，隋唐佛风的熏陶，最终促成了宋明时期理学的成熟，在伦理道德上提出了"孝悌忠信、礼义廉耻"八德。在宋明之后近千年的历史中，民众各方面的生活都被绝对至高无上的"八德"所牵制。清末民初，西方强势文化大量输入中国，康有为、梁启超、孙中山等都认为，道德是中国的传统优势，只要结合时代需要推陈出新，就能建构出不同于古代的新道德。其后，孙中山、蔡元培等提出了"忠、孝、仁、爱、信、义、和、平"的新"八德"。新"八德"既是对古人"孝、忠、仁、爱"等传统观念的继承，也适应了现代社会"博爱""国家至上"等价值观，成为"中体西用"、中西道德精华有机结合的典范。

改革开放以后，为适应社会主义思想道德建设的需要，20世纪90年代初，著名哲学家张岱年先生在总结传统道德规范的基础上，提出公忠、仁爱（任恤）、信诚、廉耻、礼让、孝慈、勤俭、勇敢、刚直"九德"作为新时代的道德规范。后来，罗国杰教授把中国传统伦理道德整理出十八个德目，被称为"十八德"。2011年中南大学《中国道德文化传统理念践行》课题组在大量调查的基础上，将中国道德文化的核心理念归纳为十三个方面：忠、孝、和、礼、义、仁、恕、廉、耻、智、节、谦、诚，即"十三德"。关于中华传统美德的主要内容，尽管历来都有不同看法，但是，最根本、最凝练、影响最深远的还是"五常"——"仁义礼智信"。中宣部思政研究所曾经在很大的范围内做过一个对"仁义礼智信"传统美德认知情况的调查。调查显示：71.9%的人听说过"仁义礼智信"；69.1%的人了解或了解其一些基本内涵；68.7%的人会以其衡量他人的道德水平；71.3%的人会以其要求自己；80.7%的人认为有现实意义。各项调查结果几乎都在70%以上。这说明"仁义礼智信"在我国影响深远,有广泛的群众基础。①"仁义礼智信"始终是中华民族传统道德的精髓内核,对其他传统道德起着规范、统摄和导向作用。

三、中华民族传统道德的精华与糟粕

从原始社会末期的尧舜时代开始,就产生了最早的中国传统伦理道德规范,《尚书》中已有"以亲九族""协和万邦"的记述。"礼""德""孝"等文字在殷墟发现的甲骨文中都能找到,这充分证明商代已有了初步的道德规范。春秋战国时期的百家争鸣,更是奠定了中华民族此后两千多年历史文化发展的基础和发展的径向,被现代人称为人类文明的轴心时代。从那时起,萌芽并逐步发展完善的中华民族传统道德经过数千年的传承、演进而未中断,在世界文化史上都是一大奇观。考察其原因,此中必有其内在的无形的精神支柱、价值理念的强力支撑,即中国传统道德文化的常道精华。当然,随着社会的发展变化,也必然有一些产生于古代社会环境中的传统道德早已不适应时代发展的需要,而成为糟粕性的内容,必须抛弃。罗国杰教授认为在古代以"三纲五常"为原则和核心的传统道德体系中,"三纲"基本上属于腐朽和束缚人性的"糟粕",而"五常"则可以视为维护人与人之间和谐发展的"多少带有民主性和革命性"的中华民族传统道德中的精华。②

对于以"三纲"为最高原则,以"五常"为核心规范的中华民族传统道德,站在当代社会的立场去考察,绝大部分学者都认同"五常",或者认为与"五常"相关联的一些基本道德规范是当前中国特色

---

① 戴木才:《弘扬中华美德培育和践行社会主义核心价值观》,http://www.zsnews.cn/zt/wenmingzs/news/2014/06/16/2640350.shtml
② 罗国杰:《论中华民族传统道德的"精华"与"糟粕"》,《道德与文明》,2012年第1期

社会主义道德建设中要继承弘扬并加以现代性发展与创新的传统道德精华。如：有人指出对传统道德"三纲不能留，五常不能丢"（牟钟鉴）；有人认为儒家文化真正的"常道"应是"天行健，君子以自强不息"，"地势坤，君子以厚德载物"的"中华精神"（李存山）；有人认为仁义礼智信、礼义廉耻、孝亲敬老这些基本人伦道德，即使放到世界范围内，也都具有价值。这些"常道"的时代价值或意义就在于坚持我们家庭、社会、民族的道德底线（赵法生）等。当然，对传统道德的精髓内容可以有不同表述，比如，习近平总书记总结的"讲仁爱、重民本、守诚信、崇正义、尚和合、求大同"。可以说，以"仁义礼智信"为核心的"讲仁爱、重民本、守诚信、崇正义、尚和合、求大同"，就是当前我们进行中国特色社会主义道德建设过程中应当传承和弘扬的中华民族传统道德的常道精华。

四、中华民族传统道德与中华民族优秀传统道德

传统道德是中华民族传统文化的核心与灵魂。梁漱溟先生曾经在《中国文化要义》中阐述："融国家于社会人伦之中，纳政治于礼俗教化之中，而以道德统括文化，或至少是在全部文化中道德气氛特重，确为中国的事实。"[①] 但是，探讨传统道德时，首先要区分开中华民族传统道德与中华民族优秀传统道德（传统美德）两个不同的概念。从广义上理解，中华民族传统道德包括中国古代传统道德和中国革命道德。中国古代传统道德通常是指我国古代先哲们从西周经春秋战国到两汉所创造的，而在此后两千多年的封建社会中一直根深蒂固地延续、发展直至清末，并在历史长河中一直为普通民众所践行的道德。中国革命道德是指中国共产党人、人民军队、一切先进分子和人民群众在中国新民主

[①] 转引自肖群忠：《中华传统美德的时代价值》，《天津日报》2015-6-1（10）

主义革命和社会主义革命、建设与改革中所形成的优良道德。从狭义上理解，中华民族传统道德主要是指中国古代传统道德，本文所探讨的中华民族传统道德仅是从狭义上讲的中国古代传统道德。从历史唯物主义的观点去分析，中国古代传统道德的内容有精华，也有糟粕；有超越阶级、跨越时代至今仍具有合理价值和意义的内容，也有因局限于古代特定的社会历史条件而不再适用于现代社会的内容。中华民族优秀传统道德通常就是指带有正面意义的传统美德，也就是说，中华民族优秀传统道德特指古代传统道德中那些超越时代性与阶级性，在今天仍有时代价值和意义的合理成分和精华内容。

前面已经阐述中国古代传统道德以"三纲"为最高原则，以"五常"为核心内容。但是，以现代社会的眼光回头去审视，古代传统道德中的"三纲"是维护封建专制所需的，从五四新文化运动以来遭到彻底批判的对象；而"五常"则是延传至今仍具有时代价值和意义的传统美德。对此，很多学者都进行了比较详细的论证，认为"三纲"之说是汉儒为了适应汉朝大一统的专制统治需要而对先秦儒家思想的一种"损益"，即其增益了"屈民而伸君"的思想，而减损了"从道不从君"的传统儒家思想。因此说，"三纲"是中国传统道德文化发展过程中的一种"变"，而不是所"因"之"常"①。换句话说，"三纲"是典型的中国古代传统道德的范畴。"五常"则是从先秦儒家讲的"四德"中（仁、义、礼、智）发展而来的，是中国传统道德文化连续性发展的一种"因"，属于在当代社会仍然具有一定时代价值和意义的中华民族优秀传统道德。只是由于后世"纲常"并举，所以，"五四"新文化运动时期"五常"与"三纲"同时遭到批判。20世纪90年代，历史学家金景芳先生就指出孔子思想有历史局限性的一个方面，也有超越时代限制的一个方面，其中不少内容在今天的社会道德建设中仍然具有巨大

---

① 李存山：《儒家文化的常道与新命》，《孔子研究》，2016年第1期

的价值，不失为传统道德的精华。我们弘扬民族优秀传统思想文化，主要应弘扬先秦时期孔子、子思、孟子、荀子等儒家的思想，至于董仲舒"罢黜百家，独尊儒术"以后的儒学，则须审慎对待。① 张岱年先生研究分析后也认为对秦以后出现的"三纲"必须加以严肃的批判，而对"五常"则指出其在历史上"有一定的阶级性"，但"也还有更根本的普遍意义"。② 因此，从道德的继承性和连续性的角度出发，应当对中华民族传统道德和中华民族优秀传统道德（传统美德）进行区别性对待。

总之，在中华民族漫长的发展进程中，道德作为传统文化的核心，在其无所不在的传统社会中，始终是以"三纲"为最高原则，以"五常"为核心规范的。尽管"三纲"是维护封建专制统治、压抑人性的糟粕，但是，"五常"基本被公认为传统道德的精华内容。不管是后来的"八德"，新"八德"，还是当代的"九德""十八德""十三德"的提法，都是在"仁义礼智信"五常基础上的进一步阐发、延伸或转化。因此，"仁、义、礼、智、信"作为体现中华民族文明发展、进化的重要道德规范，是赋有一定"人民性""普遍性"的道德信念，它始终是中华民族的核心道德，是中华民族传统道德的精髓，对于形成中华民族文化发展路径，塑造民族性格，培育民族精神，都起到了关键性的作用。

综上所述，当前我国推进中国特色社会主义道德建设，首先需要坚定马克思主义道德观的主导地位，因为现在中国的变革，早已不再是先前一种社会形态内部的王朝更迭，而是属于社会形态上本质的彻底的变化。同时也要承认社会主义的新中国是从历史传统中的中国走来的，必

---

① 吕绍纲：《金景芳先生谈传统文化》，《史学史研究》，1996 年第 3 期
② 张岱年：《中国伦理思想研究》，上海：上海人民出版社，1989 年版，第 64.66—69、170—171 页

须与中华优秀传统文化有机结合，马克思主义才能在中国取得成功。正如党的十九大报告所指出，发展中国特色社会主义文化，必须以马克思主义为指导，坚守中华文化立场，立足当代中国现实。当然，我们当前在马克思主义指导下对传统道德的继承和弘扬，看重的是其中治国理政的方式方法、道德教化的哲学智慧和人生伦理智慧，而不是被历代封建王朝所倚重的那些论证、维护等级制度合理性的政治职能。清除掉它在中国传统文化中处于主导地位的浓重的政治性因素，重视它对中华民族精神塑造的文化功能，并与中国传统文化中博大精深的多种智慧相结合，为当前的社会主义道德文化建设服务。① 在这个过程中，我们既要反对全盘否定中国传统道德的历史虚无主义，也要反对以高扬传统道德为幌子，进而排斥西方先进文化甚至反对马克思主义的保守主义思潮。

---

① 陈先达：《马克思主义和中国传统文化》，《光明日报》，2015－7－3（1）

第二章

中华民族传统道德体系的形成及古代传承

道德作为人类社会的一种特殊现象，早在原始氏族社会就已经出现了，即原始社会道德。从神话传说和出土文物可以推论得出，在我国原始社会的氏族内部，就已经开始出现了平等互助、讲信修睦的朴素道德风尚。但是，这对当时的氏族成员来说，就只是一种自发的无意识的传统习惯而已，对于何为道德、自身的言行如何以道德标准进行评价或衡量等道德生活，当时的人们并没有自觉的意识。人类具有自觉的道德意识，以及体现这种自觉的道德学说或伦理思想，则是在进入文明社会后才逐渐产生的。

第一节 先秦时期中华民族传统道德体系初步形成

先秦是中华民族历史的起源点，也是中华民族传统伦理道德的起源点。中华民族传统道德在先秦时期就已萌芽，并形成初步的体系，它为整个中国古代传统社会生活的道德建设提供构造了基本的框架和思路。其后，中国两千多年的传统社会发展中，众多的道德要求、道德理念都可以直接或间接地从先秦时期的道德生活中找到其存在的依据。

一、西周时期德、孝、礼等道德观念出现

尽管现在已经有诸多考古资料证明,在西周之前的中国社会生活中已经产生了关于"秩序"的朴素观念。但是,这种"秩序"观念在最初更多地体现在人与神的关系中,只是随着社会生活的进一步发展,在人与人的关系上才逐渐体现出来。

至周时,基于对商纣王朝政权变故的思考,西周统治者一开始就从"专恃天命"的"殷鉴"中吸取思想和政治上的教训,提出了"以德配天""敬德保民"和"明德慎罚"的思想。因此,与殷商及之前的神权统治不同,西周时期努力降低了社会生活中的神性色彩,而代之以更具人文精神的礼乐文化,人们对社会生活有序化的追求开始了理性的思考。西周灭商以后,尽管在一定程度上也继承了商朝的做法,强调"天命"的重要,用天意来解释周朝统治的合理性,但是此时周公的解释已经不单纯是天命的权威,而是加入了很多德行的分析,商纣王因为不遵从天的意志,自己没有道德,不能以德来感化和管理教育民众,才使得自己失去了统治权。因此,统治者要"修德配命"或"敬德配天"。在周人的思维里,天命是根据地上的君王能否"修德""敬德"而转移的,并非固定不变。因此,统治者必须要遵循和实行先王之德,才能永久地享有天命。(《殷周制度论》)周公等人总结商纣亡国的原因在于其"败乱厥德",最后"民罔不尽伤心"而亡国。由此可见,在周人的思维中,"天命"—"敬德"—"保民"三者是逻辑统一的。周人所说的"德",主要是指统治者的道德,是君德、政德,而"修德""敬德"也只是对统治者的要求,"德"是当时统治者的特权。而且,有"德"是统治者管理好、统治好百姓的一种手段和方法。相比较于后来儒家发展过程中所阐释的"德",这种带有鲜明的贵族特权色彩的"德"性不具有社会的普遍性。但是,周公等对于贵族性君德政德作用

的认识和思考，已经初步具备了后来儒家学派所主张的"德治"的萌芽形式，孔子一生"克己复礼"以"从周"，经过孟子等人的进一步发展，这种"德治"观念最终形成了中国历史上系统的"仁政""王道"思想，在中国政治发展史、伦理道德思想史上都产生了重要影响。

"孝"的观念是在古代普遍的社会性尊老和祖先崇拜的基础上逐渐产生出来的。作为一种理性的道德观念和行为规范，"孝"在西周时期已凸显出重要的地位，是与当时社会宗法等级制度的确立相适应的。宗法即宗族之法，宗族是指具有共同祖庙的父子亲族。明确的血缘关系是联结宗族各成员之间的唯一纽带，共同的祖先和确定的血缘传承关系是宗族的重要标志。在宗法制度下，人类血缘的传承已经超越了其原生的生物学意义，而衍化为宗族的一种心理情感。因此，以奉养和恭敬父母、祭祀祖先为主要内容的"孝"的观念与具体规范，在宗法等级制度的发展过程中就产生了。"孝"在社会生活实践中的落实反过来又进一步稳固了宗法关系与宗法等级制度。因为，子能奉养和尊敬、服从其父，确认父的权威，父慈子孝、兄友弟恭这些具体伦理道德观念的落实，既可维系宗族的和谐稳定与延续发展，保证对先祖祭祀不绝，也可以维系宗法系统的长久存在，进一步巩固等级秩序。于是，"孝"成为对宗族内部每个个体成员的具体美德要求，成为维护奴隶主统治的有力工具，在当时还受到法律的保护，"不孝不友"就是罪大恶极而必须严加惩处，"刑兹无赦"。周人关于"孝"的思想，一直为后世所承袭和发展，并在后来儒家的思想中与"忠"并列，成为封建社会中最基本的道德规范。

在中国伦理思想中，"礼"泛指中国古代的宗法等级制度以及与此相应的礼节仪式和道德规范。《说文解字》中说："礼，履也。所以事神致福也。从示从豊，豊亦声。""豊，行礼之器也。"所以，"礼"最初是指祭神的器物和仪式。"礼"并非周人首创，殷商时代，"礼"在社会生活中已经有所体现，"殷人尊神"，执礼器以事神；所执礼器按祭祀者的身份、等级而定，这种法规就是礼制。西周时期，随着宗法等级制度的确立，人们在远古时代对祖先宗教式的崇拜，以及严格祭祀的祈福情感逐渐衍化为对于君臣、父子、兄弟、上下和夫妇的道德行为要求，"礼"的人文道德精神逐渐成为其主要成分。周人对殷礼进行了时代性的创新和发展，对传统的宗教仪式等进一步制度化、规范化，并赋予更多人文道德的意蕴，建立起一整套更为完备、严格的礼制，史称"周礼"。西周时的"礼"所规范的范围几乎是无所不包的，除了规定祭祀、朝聘、军事、婚丧等所应遵守的仪式外，主体部分的很多内容都是与宗法等级制度紧密相连的，包括庙数之制、立子立嫡之制、宗法及丧服之制等。周人以此纲纪天下，实行礼制。"周礼"对后世影响巨大，孔子就是"周礼"的坚决拥护者和倡导者。作为儒家主张的传统道德的核心要素之一，"礼"被后来的儒家进行了各种充分的论证和阐发。

侯外庐先生曾经指出，"有孝有德"是西周的"道德纲领"。包括道德生活在内的西周时期的社会生活一直都为历代儒家所向往，孔子作为周礼的阐述者，曾感慨："周监于二代，郁郁乎文哉！吾从周！（《论语·八》）"当时以周公为代表的奴隶主贵族的伦理思想中，父慈、子孝、兄友、弟恭等具体道德规范占有重要的位置，这是宗法关系的一个典型体现。

总之，尽管西周时期已经出现了一些基本的道德规范和道德要求，也开始了对道德的作用的一定论述，但是，与当时典型的宗法制社会相适应，西周时期的道德生活中，用以表示宗族性和政治性含义的道德条目较多，而用以表示民众个体性道德要求的具体德目相对较少，用以表示一般社会性含义的伦理道德关系和道德德目则更少。而且，道德规范的内容相对模糊，含义也多不确定。

二、春秋时期仁爱、忠孝道德观念产生

西周时期，用以维持社会生活的具体道德规范和道德观念都已经产生了。至春秋，周王室衰微，取而代之的是列国混战、诸侯并起、社会动荡的大局面，严格的宗法等级体制开始削弱。同时，社会生产迅速发展，社会经济结构、经济制度、社会阶层结构等各方面都出现了前所未有的新变化。面对"礼崩乐坏"的严酷社会现实，各诸侯国都需要发展国家实力、强化国家统治以或扩大地盘防御外敌入侵。因此，当时的各派思想家都是在力求解决君王面临的这些现实问题，这也是诸子百家产生的现实社会背景。这一时期，代表中国古代伦理道德思想产生及发展的主要的四大流派墨、儒、道、法，基本都已经出现了，百家争鸣的局面在当时已初具规模，是诸子百家伦理思想生发的前奏。尽管当时有墨儒道法等流派，但就其对后世政治、道德生活的影响程度来讲，当时法家和儒家的主张都是深入、广泛且长久的。

（一）管子的礼法并用

管仲作为春秋时期著名的政治家、思想家，在中国思想史上，长期以来一直被列在法家的行列。在当时各诸侯国频繁争战的情况下，管子和其他的法家流派一样，也强调耕战的重要，强调厉行法治以"尊君"。但是，管子更强调在治理国家过程中的礼法并用，也就是德治和法治的相辅相成、法律制裁和道德教化的相互配合。《管子·权修》中说："厚爱利足以亲之，明智礼足以教之，上身服以先之，审度量以闲之，乡置师以说道之，然后申之以宪令，劝之以庆赏，振之以刑罚，故百姓皆说为善，则暴乱之行无由至矣。"在此管子不但没有忽视道德的作用，而且是非常重视道德教化对于巩固社稷、治国安民的重要意义。《管子·牧民》中说："国有四维。一维绝则倾，二维绝则危，三维绝则覆，四维绝则灭。倾可正也，危可安也，覆可起也，灭不可复错也。

何谓四维？一曰礼，二曰义，三曰廉，四曰耻。"管子认为，若"四维不张"，"国乃灭亡"。因而，统治者在管理百姓时，最重要的是要能使百姓"修礼""行义""饰廉""谨耻"，把"礼义廉耻"的"国之四维"提高到了关系国之存亡的重要地位。在此基础上，到宋以后，统治者逐步提出"孝悌忠信、礼义廉耻"八德，深刻影响着整个中国社会生活近千年。同时，管子还认识到了物质财富、经济生活与道德的辩证关系，明确指出"仓廪实则知礼节，衣食足则知荣辱"。他认为国家如果不发展经济，社会就没有一定的物质基础，君主如果不关心百姓的基本生活，社会风气、道德风尚就会恶化，只有满足了衣食住行等起码的物质生活的需要，才能够有道德可言。这种朴素的唯物主义思想，反映了人们对道德与经济生活关系认识的深入，有一定的进步意义，甚至在今天的中国特色社会主义道德建设过程中，仍然有一定的指导价值和意义。

（二）孔子的仁爱忠孝

孔子生活在中国社会政治、经济和思想文化都激烈变革的春秋末年。面对当时礼崩乐坏的局面、新旧社会矛盾的激化，作为一个伟大的思想家，孔子的社会政治理想是建立一个国强民富、政治清明、社会稳定、人际和谐的统一国家。因此，在继承以"周礼"为核心的旧的传统等级制度的基础上，孔子创立了以"仁"为核心（在《论语》中"仁"字共出现了108次），以"礼"为原则的"仁学"伦理思想，为先秦儒家伦理思想奠定了坚实的基础，后经演化与改造，成为中国整个封建社会两千多年间统治思想的基础。

中国思想史上"仁"或"仁爱"思想的提出，与氏族血缘关系密切关联。《国语·晋语一》中说"爱亲之谓仁"，表明"仁"的最初含义就是对自己亲人的爱；《国语·周语下》中"言仁必及人""爱人能仁"，是在"爱亲"基础上的延伸与扩展。孔子的"仁爱"学说就是对以往关于"仁"的思想的总结和发展。孔子首先把"爱亲"规定为

"仁"的本始或基础，《学而》中说："君子务本，本立而道生。孝弟也者，其为仁之本与。"同时，孔子又把"仁"规定为"爱人"。《论语·颜渊》中记载："樊迟问仁。子曰：'爱人。'"由"爱亲"至"爱人"的具体体现就是"泛爱众"。由"爱亲"至"爱众"，涉及的范围逐步在扩大，"仁"就获得了更高层次的道德升华。"仁"作为孔子伦理道德思想的核心，包含着多种具体的道德要求，孝、悌、恭、宽、敏、信、惠等德目都在其中。为了实现"爱人"之仁德，孔子的根本途径就是"忠恕之道"，基本手段是"克己复礼"。当然，孔子所主张的"复礼"绝不只是原封不动地恢复传统的周礼，还包含着对传统的"礼"加以改良，使之重新发挥维护上尊下卑、各司其职的良好社会秩序的作用。天下秩序井然是最大的"仁"，因此，在孔子的思想中"仁"是核心内容，是他所追求的最终目的，而"礼"是实现目的的手段；或者说，"仁"是"礼"的心理基础，"礼"是"仁"的行为规范。

总之，孔子的仁爱思想是在"礼崩乐坏"的社会现实中对"周礼"进行历史反思的思想成果，尽管它不可避免地带有那个遥远时代的局限性，但是，随着封建制度的诞生和确立，这一思想越发彰显出其强大的生命活力。同时，孔子仁爱思想的提出标志着当时的社会伦理要求开始由强调烦琐仪式向强调道德情感过渡。甚至连德国19世纪著名的哲学家费尔巴哈都认为孔子的主张是"健全的、纯朴的、正直的、诚实的道德，是渗透到血和肉中的人的道德，而不是幻想的、伪善的、道貌岸然的道德"。①

与西周时期相比，春秋时期的道德生活丰富了很多，道德德目的数量大量增加，而且伦理关系和道德德目也渐显规范，后世社会生活中的道德要求大部分在此已经出现。因此可以说，到春秋时期，中国传统道

---

① 费尔巴哈：《费尔巴哈哲学著作选集》上卷，北京：商务印书馆，1981版，第578页

德体系已经初具雏形了。

三、战国时期五伦四德、隆礼重法观念形成

战国时期，社会动荡不安、征战不断，人们对道德生活的规范意识有了更高的要求。从发展趋势上看，道德规范的要求与各种约束越来越强，"三纲"观念的雏形逐渐显示出来。在外在的规范形式日益受到社会重视的环境中，道德观念内在的情感因素在社会转型发展中则遭到一定程度的排斥，"礼""法"观念基本成型。

（一）孟子的五伦四德

孟子生活在战国中期，以孔子正统的继承人和捍卫者自居，将孔子的"仁政"发展至"王道"思想，影响深远。至唐宋以后，人们将他与孔子的思想合称为"孔孟之道"，从而成为统治整个传统社会的"无冕之王"。

从人与人之间的道德规范来说，孟子第一次明确地提出了五种人和人之间所应遵循的道德准则——"五伦"，就是指"父子有亲，君臣有义，夫妇有别，长幼有序，朋友有信"，这是关于封建社会中人和人之间道德关系的较为全面和准确的概括。从思想渊源上考察，《尚书》中有"五教"的提法，但尚未说明具体内容。孟子在此基础上进行改造与发挥，依据当时封建社会人与人的等级关系的实际情况，概括归纳出了"五伦"的思想，赋予"五教"以新的内容。在《孟子·滕文公上》中孟子阐释道："人之有道也：饱食暖衣，逸居而无教，则近于禽兽。圣人有忧之，使契为司徒，教以人伦——父子有亲，君臣有义，夫妇有别，长幼有序，朋友有信。"尽管"五伦"是从属于封建制度并为其服务的，但是它比较全面地概括了封建社会中人与人关系的最主要、最基本的五个方面，并在每一个方面都提出了一个基本准则，这是人类道德发展史上对道德进行理性思考所取得的重要成果。

在重视人伦关系的前提下，讨论人性问题时，孟子从性善论出发总结归纳出了"仁义礼智"的"四德"观念。在《孟子·公孙丑上》中，孟子论述道："恻隐之心，仁之端也；羞恶之心，义之端也；辞让之心，礼之端也；是非之心，智之端也。人之有是四端也，犹其有四体也。"在《孟子·告子上》中，孟子再次论述："恻隐之心，仁也；羞恶之心，义也；恭敬之心，礼也；是非之心，智也。仁义礼智，非由外铄我也，我固有之。"由此可见，孟子从唯心主义世界观出发，把人具有仁义礼智的道德品质看作是人天生的本性，这显然是忽视了人的社会性，但他把人之"四心"看作是人与动物的根本区别所在，是具有一定合理性的。同时，孟子提出"仁义礼智"四德，使得对道德规范的整理与归纳更加系统化了，直接影响了后世"五常"的产生和发展。

孟子在伦理思想上倡导的"仁义之道"，在政治上则体现为"施仁政于民"的主张。在《孟子·离娄上》中，孟子明确指出："三代之得天下也以仁，其失天下也以不仁，国之所以废兴存亡者亦然。天子不仁，不保四海；诸侯不仁，不保社稷；卿大夫不仁，不保宗庙；士庶人不仁，不保四体。"孟子还从肯定民心向背的作用出发，提出了"天时不如地利，地利不如人和"，"得道者多助，失道者寡助"，"民为贵，社稷次之，君为轻。是故得乎丘民而为天子"等重视民本的道德命题。

（二）荀子的隆礼重法

荀子生活在战国末期，新型地主阶级已经在各国逐步取得了政权，荀子提倡隆礼重法的伦理思想，适应了当时即将建立全国统一的中央集权封建国家的需要，为新的封建等级秩序的确立提供了坚实的理论根据。

在中国伦理思想史上，荀子第一次将"道德"连用为一个新概念，并赋予它沿用至今的基本相同的意义。荀子的所有伦理道德思想都是以他的"性恶论"为基础的，其出发点就是"性""伪"之分。荀子认为人性是先天的、生下来就具有的自然本性。"凡性者，天之就也，不可学，不可事。"(《荀子·性恶》)而"好利恶害"是人的自然属性。如果顺着人的"好利恶害"的本性任其发展，就必然会产生争夺、残杀、淫乱等社会恶行。荀子论证人性生来是恶的，但并不是说人不可以为善，相反，人如果在后天认真学习并努力改造自己，是可以为善的。荀子之"伪"与现代的"为"意思相通，即有所作为。人在出生以后，只要努力学习并改变原来的性恶就可以形成良好的道德品质。"不可学、不可事而在人者谓之性，可学而能、可事而成之在人者谓之伪，是性、伪之分也。"(《荀子·性恶》)

站在"性恶论"的基础上，荀子特别重视"礼"，认为"礼"是维护社会秩序的最重要的手段。荀子对传统的"礼"进行了系统、全面的阐发，创造了一个系统的"礼论"体系。也就是说，人本性有"好利"的欲望，为了满足各自的利欲，人们之间就会发生争夺，进而引起社会的纷乱。为避免社会纷乱的发生，就由圣人"制礼义以分之"，这就是"礼"产生的重要原因。荀子所遵从的"礼"是一种包罗万象的准则体系。一方面它是指用以区别社会贵贱等级的封建等级制度，另一方面，"礼"还是一种道德行为的准则、道德评价的标准。"绳者，直之至；衡者，平之至；规矩者，方圆之至；礼者，人道之极也。"(《荀子·礼论》)同时，荀子还把"礼"看作是"强国之本也，威行之道也，功名之总也"。(《荀子·议兵》)因此，荀子说"国之命在礼"(《荀子·富国》)。荀子还把"礼"看作是人类社会得以维持自身存在的重要保证，因为人在自然界生存，就必须在"礼"或者"义"的指导之下联合起来，才能战胜自然，保全自身的生存。"力不若牛，走不若马，而牛马为用，何也？曰：人能群，彼不能群也。人何以能群？曰：分。分何以能行？曰：义。故义以分则和，和则一，一则多力，多力则强，强则胜物。"(《荀子·王制》)

在中国伦理思想史上，"隆礼重法"的提出成就了荀子先秦思想集大成者的地位。他第一次全面、深入地阐明了治理国家"德治"和

"法治"必须密切结合，认为任何片面地强调一个方面，都不利于国家的治理，由此而开创了我国政治伦理思想上"隆礼重法""礼法并重"的先河。对此，荀子精练地概括为"治之经，礼与刑"（《荀子·成相》）。也就是说，荀子把儒家和法家的治国方略结合起来，认为要想把国家治理好，使百姓道德高尚，就既要"尚贤使能"，又要"赏功罚过"。可以说，荀子在"隆礼"的前提下，对孔孟的仁义思想进一步深化，并赋予其法治的保障，解决了"徒善不足以为政，徒法不能以自行"的难题，这是对中国历史上治国理政思想全面而深刻的总结。清末谭嗣同曾说"二千年来之学，荀学也"，足见荀子学术的历史地位，其思想对后世的治国方略有着极其重要的影响。

综上所述，战国时期思想家们对道德规范和道德德目的归纳、整理以及对社会伦理关系的论证进一步系统化，使得道德生活的理性化倾向明显加强、道德教化也日益受到重视，中国传统道德生活的基本框架已初步形成。同时，作为诸子百家争鸣的鼎盛时期，儒墨道法等各家伦理思想同时并存，也正是在各家的思想论战中，才造就了战国时期丰富多彩的道德生活、百家争鸣的文化景象，为后世道德观念的发展提供了充足的思想资料。①

总之，夏、商、周时期尽管中华民族传统道德规范和道德观念相继产生，但是还不具备产生完整系统的伦理学说体系的基础条件。对于春秋战国，用梁启超先生的话总结就是："并立争竞之国，务防御外侮，动需奇材异能之徒，故利民之智。"也就是说，当时诸侯林立、战争不断，统治阶级为了在竞争中取胜，需要"奇材异能之徒"，故"利民之智"，从而成就了"百家争鸣"的局面，铸造了我国思想文化史上最活跃最辉煌的第一座高峰，也被后世称为人类文明的轴心时代，并影响中

---

① 张锡勤、柴文化：《中国伦理道德变迁史稿（上）》，北京：人民出版社，2008年版，第166页

国两千余年之久。

第二节　两汉时期中华民族传统道德体系定型

秦汉时期形成了中国历史上长期存在的大一统的封建帝国，在封建制度确立和完善的早期阶段，各项符合国家社会建设需要的制度建设和伦理道德建设都放在了重要的议程上。这一时期确立的中国传统道德的基本原则和规范——三纲五常，以及德法并用并重的国策均为后世两千多年的中国社会一直承袭未断。

一、董仲舒倡议"独尊儒术"，论证"三纲""五常"

董仲舒是西汉时期重要的唯心主义哲学家、伦理思想家，他从神学目的论和阴阳五行说出发，将先秦儒家伦理学说进一步理论化和系统化，建立了一套以"天人感应"为基础、"三纲五常"为核心、以维护封建大一统为目的的伦理思想体系。

汉王朝建立政权以后，经过几十年的休养生息，社会政治和经济在经历了长期动乱之后都获得了一定的稳定和发展，历史上出现了一个繁荣、强盛、稳定和统一的封建大帝国。但是，在意识形态和伦理道德方面，当时社会上还存在很多的分歧。秦统一六国后曾经出现过类似的情况，并把法家思想作为统一思想的标准。但随着秦王朝的覆灭，这种思想理论的统一再次被打破。而且，鉴于秦二世而亡的教训，法家的政治、伦理思想也都随之失去了应有的地位，严刑峻法、奖励耕战等也都被否定，强调德治、强调仁义道德的作用又在社会中重新受到重视。正是在这样的形势下，汉武帝问策，董仲舒才大胆提出了把孔子思想作为唯一正统思想加以倡导的主张。"春秋大一统者，天地之常经，古今之通谊也。……臣愚以为，诸不在六艺之科孔子之术者，皆绝其道，勿使并进，邪辟之说灭息，然后统纪可一，而法度可明，民知所从矣。"（《汉书·董仲舒传》）董仲舒提出的这种"独尊儒术"的主张被汉武帝所采纳。同时，为了维护封建专制统治的需要，董仲舒创立了"天人合一""君权神授"和"道德天赋"的神学理论，以便论证说明当时的政治制度、道德规范等一切都是"天"所决定的。他认为，"天"是一个有意志、有目的的"百神之大君"，是自然界和人类社会的最高主宰。"父者，子之天也；天者，父之天也。无天而生，未之有也。天者，万物之祖，万物非天不生。"（《春秋繁露·顺命》）在中国古代，"天"有多种意义，殷周时期，"天"被看作是主宰一切的神。战国末期的荀子曾对"天"进行了唯物主义的解释和论证。但一百多年后的董仲舒又从神学目的论出发解释"天"，其目的从政治上说，就是要为"君权神授"建立起牢固的理论基础；从伦理道德上说，就是要确立起"道德天赋"的唯心主义道德起源论。最终，都是为他的"道之大，原出于天，天不变，道亦不变"（《汉书·董仲舒传》）的思想进行论证和宣传。"原出于天"的"道"，在董仲舒看来就是封建社会的纲常礼教。于是，在具体的道德规范上，他从儒家"君君、臣臣、父父、子子"的等级制度和宗族关系出发，提出了封建社会最根本的道德原则和规范——"三纲""五常"。

从中国伦理思想发展史看，"三纲"思想早已有之。《仪礼》中称："父至尊也"，"君至尊也"，"夫至尊也"。孔子所说的"君君、臣臣、父父、子子"也已包含了"君为臣纲""父为子纲"的某些思想。孟子的"五伦"思想，即"君臣有义，父子有亲，夫妇有别，长幼有序，朋友有信"中"三纲"观念已经深蕴其中。后来，韩非又提出："臣事君，子事父，妻事夫，三者顺则天下治，三者逆则天下乱。此天下之常道也。"（《韩非子·忠孝》）此时，"三纲"的名称虽未正式提出，但是"三纲"的观念已客观存在。西汉大一统的封建帝国建立并逐渐安定、经济发展之后，就迫切需要稳定封建等级制的社会秩序。在这样的社会条件下，"三纲"正式形成并出现。"君为臣纲，父为子纲，夫为妻纲"这三句话虽最早见于西汉末年的《礼纬·含文嘉》，但"三纲"一词则在西汉中期董仲舒的著作中已经出现。他不但提出了"三纲"，而且对其进行了神学理论论证。① 董仲舒认为"王道之三纲，可求于天"（《春秋繁露·基义》），"三纲"不仅是"王道"，而且源于天，是天的意志的体现。因此，"臣不奉君命，虽善以叛"，"子不奉父命，则有伯讨之罪"，"妻不奉夫命，则绝"。（《春秋繁露·基义》）尽管董仲舒并不否定君、父、夫自身的道德要求，但是臣、子、妻"顺命"于君、父、夫则是绝对的。由此，董仲舒用"天命"神权进一步强化了政权（君权）、父权（族权）和夫权。毛泽东同志说："这四种权力——政权、族权、神权、夫权，代表了全部封建宗法的思想和制度，是束缚中国人民特别是农民的四条极大的绳索。"②

关于"五常"。在先秦漫长的道德生活实践中，已经形成了诸多的道德规范、道德德目。如孔子的智、仁、勇三达德，管子的礼、义、廉、耻国之四维，孟子的仁、义、礼、智四德，等等。至西汉初，依然不尽统一，直到董仲舒提倡"五常之道"，仁义礼智信才逐渐成为中国古代社会最为通行的社会道德规范。仁义礼智信等道德规范早已有之，是董仲舒把它概括为"五常之道"并加以阐释的。他向汉武帝建议："夫仁、谊（义）、礼、知（智）、信五常之道，王者所当修饬也。"（《汉书》卷五十六，《董仲舒传》）"五常"的出现在中国伦理道德发展史上具有重要意义，它使"三纲"的实现有了具体的道德保证。在"五常"之中，董仲舒更关注"仁"和"义"，《春秋繁露·必仁且智》

---

① 张锡勤、柴文化：《中国伦理道德变迁史稿》上，北京：人民出版社，2008年版，第191页
② 《毛泽东选集》第1卷，北京：人民出版社，1996年版，第31页

中说："仁而不智，则爱而不别也；智而不仁，则知而不为也。故仁者所爱人类也，智者所以除其害也。"在《春秋繁露·仁义法》中他又着重论述了"仁""义"的联系与区别："春秋之所治，人与我也；所以治人与我者，仁与义也；以仁安人，以义正我；故仁之为言人也，义之为言我也，言名以别矣。"总之，董仲舒对五常进行了较之孔孟更为具体、详尽的解说和阐释，认为"仁"是各种道德德目的核心，主要是讲对别人的关系，即要爱别人，而不在于爱自己。而"义"的道德规范是要"自正"，即要使自己的行为合于道德原则，而不在于"正"别人。同时，他还强调"必仁且智"等，也论述了礼、智、信的内容，使这些基本道德规范的内涵更加丰富。董仲舒的理论主要是用"五常"作为道德手段以保证"三纲"的实行，从而建立了一个"三纲""五常"的纲常体系。

二、《白虎通义》钦定儒家至尊，再论"三纲""五常"

《白虎通义》，也称《白虎通德论》，简称《白虎通》。东汉章帝建初四年（公元79年），在洛阳白虎观召集诸儒，讲论五经同异，会议的目的是协调各派学术，共正经义，以取得"永为后世则"的效果。其后，汉章帝命史臣班固对会议成果进行总结，撰写《白虎通义》，目的是要超越于各学派之上，而体现官方的最高权威。

《白虎通义》的内容很复杂，但是，从伦理道德史上看，它的一个重要内容是确立了中国封建社会"三纲""五常"的道德原则和规范。虽然董仲舒从"天人合一"的神学理论出发，已经提出了"三纲""五常"的思想，但是，在当时那还只是一种思想学说、一种伦理主张而已。但是，《白虎通义》是由皇帝亲自召集会议后，作为皇帝钦定的官方文件出现的，自此，"三纲""五常"才成为中国封建社会中人人都必须遵守的道德原则和规范，具有了一定的强制性。由于它能够有效地维护封建社会的等级制度、巩固地主阶级的统治,尽管在后来的社会发展中其具体要求不断变化,但是基本上没有离开《白虎通义》的内容。

"三纲"是封建伦理道德的最高原则。《白虎通·三纲六纪》这样解释纲纪关系:"三纲者何谓也?谓君臣、父子、夫妇也。六纪者,谓诸父、兄弟、族人、诸舅、师长、朋友也。故《含文嘉》曰:君为臣纲,父为子纲,夫为妻纲。又曰:敬诸父兄,六纪道行,诸舅有义,族人有序,昆弟有亲,师长有尊,朋友有旧。"在此,不仅明确解释了"三纲"的内容,而且,为了补充"三纲",又提出了"六纪"。"六纪"所涉及的人际关系比"五伦"更加广泛,又补充了师长、诸舅、族人等关系,使古代社会的人际关系得到了更加全面的规范和调整。董仲舒提出"三纲""五常",只是从阴阳关系上进行了讨论,《白虎通义》对此又进一步给予了理论上的论证和文字上的解释。"三纲法天、地、人,六纪法六合。君臣法天,取象日月屈信归功天也。父子法地,取象五行转相生也。夫妇法人,取象人合阴阳有施化端也。"(《白虎通义·三纲六纪》)这种论证明显是把对文字的释义与董仲舒的阴阳理论相结合,不但从阴阳理论上,而且从字义解释上为封建道德寻找依据,最终把这些道德纲常论证为是天经地义之事。

和"三纲"一样,"五常"在官方的《白虎通义》中也得到正式的确认和提倡,只是被称为"五性"而已。《白虎通义·性情》中说:"五性者何?谓仁、义、礼、智、信也。仁者,不忍也,施生爱人也;义者,宜也,断决得中也;礼者,履也,履道成文也;智者,知也,独见前闻,不惑于事,见微者也;信者,诚也,专一不移也。故人生而应八卦之体,得五气以为常,仁、义、礼、智、信是也。"《白虎通义》对于"五常"合理性、神圣性的论证,有时以五气解释五常,有时以人体五脏对应五常,有时还以五行对应五常,这些论证的目的都是为了说明五常之道是天经地义的。

总之,汉朝通过总结秦亡的教训和多种思想斗争,最后历史地选择了"独尊儒术",使其封建统治有了统一的、适合当时社会发展需要的指导思想,这为两汉封建大一统国家的社会安定起到了积极的作用,使得两汉在四百多年的存续历史中,国家强盛、社会文明持续发展。如果说,此前的各种伦理道德主张只存在于思想家的学术思想领域,那么,经汉代经董仲舒提出、《白虎通义》进一步官方强化的"三纲""五常"的传统道德体系则是作为一种官方意识形态而正式确立的,并由此开始影响了中国封建社会两千多年。"独尊儒术"在学术思想上抑制了"百家争鸣"的生机。尽管在儒学内部一直有"正宗"与"异端"的斗争,但是总体的学术范围始终是以经学为主,始终也没有动摇以"三纲""五常"为原则和核心的封建伦理道德体系的正统地位。

第三节 魏晋隋唐时期中华民族传统道德包容性发展

从中国古代史的发展看,魏晋隋唐是从分裂战乱到再统一的重要历史时期,民族迁徙融合比较典型,不同性质、不同传统的文化多元并存、兼收并蓄。在这样的社会历史背景下所形成的社会伦理道德必然会有一些新变化,从总体上看,并未动摇两汉时确立的最高原则"三纲"的主导地位,但由于战乱不断、民族迁徙融合等社会历史条件的特殊影响,传统的"三纲五常"受到一定程度的冲击,社会伦理道德方面也出现了一些新变化。

一、魏晋儒道结合与"以孝治天下"

魏晋(公元220—420)二百年间政治黑暗、篡杀无常、战乱不断、经济萧条,是中国社会和思想发展史上的一个重要时期。这种社会的变乱,在政治、思想领域的典型反映就是儒学"独尊"的地位受到冲击和魏晋"玄学"的兴起，在国家治理方面的基本策略则体现为"以孝治天下"。

（一）魏晋玄学思想家探索儒道合一

魏晋时期，"儒术独尊"的地位随着汉王朝的土崩瓦解而衰微，思想界出现了"百花齐放"的局面，"纯哲学""纯文艺"等应运而生，形成了中国文化思想史上继春秋战国以后的又一个"黄金时代"。"玄学"得名于《老子》"玄之又玄，众妙之门"，最早是以何晏、王弼等为首的一批名士，放下汉代经学的烦琐，融合儒道，创造了历史上讲话以玄远为高雅、崇尚虚无无为的"清谈"。中国古代思想的发展由两汉经学演变至魏晋玄学，与东汉后期就开始的名教危机有直接关系。

"名教"，渊于孔子的"正名"主张和礼制的结合，就是指以"正名分"为核心的封建礼教，当时是为维护和加强封建制度而对人们思想行为设置的一整套规范。汉代察举孝廉就是"名教"要求的具体体现。儒家之长在于论证伦理纲常的必要，而经学的烦琐亦是其短。自汉武帝推行"独尊儒术"后，由原始儒学转型而来的"经学"成为入仕捷径，训诂章句成为时尚学风，就此，经学化的儒学不可避免地走向了烦琐和僵化。如"说五字之文，至于二三万言……幼童守一艺，白首而后能言"（《汉书·艺文志》）。因此"经学"作为推行名教的工具逐渐成为"学者之大患"，进而沦落为一些人谋食而非谋道的工具和晋身的阶梯，从而使儒学丧失了自身推陈出新的生命力。同时，东汉末年权奸纷起、诸侯割据，挟天子以令诸侯的乱世局面已经将儒家所一贯倡导的"君君臣臣"之礼颠覆了。因此，以董仲舒为代表所阐释论证的神学化的儒学，在经过王充等唯物主义者的批判和黄巾起义的打击后，虽然仍被封建政权封为正宗，但已逐渐丧失了整合社会、维系人心的价值和作用。"举秀才，不知书，察孝行，父别居。寒清素白浊如泥，高第良将怯如鸡"（《抱朴子·申举》）就是当时的实况，名教成了人们欺世盗名、谋取利禄的工具。到了魏晋时期，"上品无寒门，下品无士族"，

(《晋书·刘毅传》)的局面更加深了社会的不平等。在这种背景下，当时的人们对名教所宣扬的等级价值观念等必然产生怀疑。

总之，"玄学"因名教的危机而产生，但是，儒学作为已经风行几百年的社会政治思想和伦理道德观念，在思想领域仍有巨大的历史惯性，在实践层面上，对于维护统治秩序来说仍然是行之有效的思想武器。其实，玄学家们批判名教并非是完全否定名教，而恰恰是对名教的挽救，他们祖述老庄，崇尚自然的目的在于为名教的存在寻找新的形而上的根据。① 所以，他们援道入儒，极力调和儒道，其中自然与名教的关系问题就毫无争论地成为玄学伦理思想的主题。魏晋玄学的伦理道德思想探讨开始于魏齐王曹芳正始年间，以王弼、何晏等正统派玄学家为代表，祖述老庄，宣扬客观唯心主义的"以无为本"，用"名教本于自然"的道德本体论取代了董仲舒的"道之大原出于天"的道德本原论。他们努力调和名教与自然的矛盾，体现了魏晋玄学以儒道合流的思想积极干预社会生活的努力。魏晋玄学发展的第二个阶段是以"竹林七贤"中的阮籍和嵇康为代表的异端玄学家，主张"越名教而任自然"，他们放任旷达、藐视礼教，公开要求摆脱名教的束缚，使人回归到本性自然状态，推崇一种特立独行的理想人格。嵇康宣称自己"轻贱唐虞，而笑大禹"(《卜疑集》)，"非汤武而薄周孔"(《与山巨源绝交书》)。这些"非圣"言论，是西汉奉行"独尊儒术"政策、统治者将儒学钦定为官方统一价值指导思想后第一个敢于"吃螃蟹"的声音，对于冲破"名教"禁锢具有积极作用。但是，嵇康菲薄汤武周孔、批判纲常名教的真实政治用意是反对当时司马集团的篡位阴谋。鲁迅先生曾经指出："菲薄汤武周孔，在现时代是不要紧的，但在当时却关系非小。汤武是以武定天下的；周公是辅成王的；孔子是祖述尧舜，而尧舜是禅让天下的，嵇康都说不好，那么教司马懿篡位的时候，怎么办才好呢？没有办

---

① 朱贻庭：《中国传统伦理思想史》，上海：华东师范大学出版社，2009年版，第186页

法。在这一点上，嵇康于司马氏的办事上有了直接的影响，因此就非死不可了。"① 因此，嵇康本欲"越名教"，结果却死于"名教"的屠刀之下。魏晋玄学的第三阶段是以革新派裴頠为代表，因为"深患时俗放荡"，他以救时济世为己任，从理论上对贵无论进行反驳，"乃著崇有之论以释其蔽"（《晋书·裴頠传》）。"贱有则必外形，外形则必遗制，遗制则必忽防，忽防则必忘礼。礼制弗存，则无以为政。"（《晋书·裴颜传》）裴頠认为国家的礼乐制度、伦理规范对于维系社会有重要意义，越名教而任自然的结果只能是导致社会伦理日坏的局面，推进了玄学家对自然与名教关系的思考。魏晋玄学的第四个阶段以郭象为代表，完成了魏晋玄学的主题——名教与自然关系的探讨。郭象认为名教即"天理自然"，他说："君臣上下，手足内外，乃天理自然，岂真人之所为哉！"（《齐物论注》）。因此，郭象将儒家的伦理纲常与道家的自然无为结合起来，将儒道合体，在理论上达到了名教与自然的同一，把玄学伦理思想推向了最高阶段。

（二）魏晋统治者提倡"以孝治天下"

孝道来自父权，中国血缘宗法社会的社会性质和家国一体的社会结构决定了对孝的推崇与倡导。魏晋时期，形成了历史上比较特殊的士族阶层，这些豪门士族实力强大，是左右国家政治经济的重要力量。这个时段极力提倡源于血缘关系的"孝"的规范，其目的还是为了维护士族的整体利益。因为，严格区分豪门士族和寒门庶族之间的严森等级，才能进一步保证士族在政治上的垄断地位，而这必须通过豪门士族保证纯化其自身血统来完成。因此，强大的门阀士族的存在及其巨大的社会影响力，成为魏晋时期承袭汉代"以孝治天下"传统的、坚实的社会基础。再者，魏晋时期朝代更迭频繁，政局动荡，而且多以篡夺立位，因此，篡位前朝而立的统治者若打造忠君之道，自会显得底气不足，为

---

① 鲁迅：《鲁迅全集》第3卷，北京：人民文学出版社，2005年版，第390页

了整合社会人心，就只能提倡"以孝治天下"的理念。正如鲁迅先生所言："（魏晋）为什么要以孝治天下呢？因为天位从禅位，即巧取豪夺而来，若主张以忠治天下，他们的立脚点便不稳，办事便棘手，立论也难了，所以一定要以孝治天下。"① 为此，魏晋统治者采取了很多的措施加保障孝道的推行，在社会中营造了崇尚孝道的浓厚氛围，继续维护了"父为子纲"的传统地位。同时，尽管魏晋时期篡夺成风的事实冲击了民众的忠君观念，但是，整体而言，"君为臣纲"仍然是这一时期君臣伦理关系的主旋律，没有被摒弃。两性夫妇关系上，在复杂的社会背景影响下，与之前的两汉和之后的宋明相比较而言，魏晋时期表现出了具有时代特点的开放和宽松，但总的来说，"三从四德"的道德观念仍处于主导地位，"夫为妻纲"的原则没有被动摇。

二、南北朝隋唐民族融合显著影响社会道德生活

南北朝隋唐时期，外来的佛教和土生土长的道教开始兴起和发展，由此，中国的民族文化形成了以儒学为主，儒释道三者结合的格局。就伦理道德思想而言，与魏晋相比也发生了重大变化，如果说魏晋玄学所争论的主题是"名教"与"自然"的关系，那么此时的儒道佛之争，则是伦理世俗主义与宗教出世主义之争。就具体的道德生活而言，从南北朝到隋唐是汉民族形成之后的第一次民族大融合时期，这一时期的道德生活，尤其是生活习俗，也明显地受到这种民族融合的影响。张怀承教授曾经指出，在隋唐时期社会道德生活呈现出融合性、开放性和开明性的显著特点。

---

① 鲁迅：《而已集：魏晋风度及文章与药及酒之关系》，北京：人民文学出版社，1973年版，第87页

(一）儒释道三教合流、道德文化上相互影响

中国传统道德思想在经历了先秦创立时期的百家争鸣之后，随着国家的统一，在秦汉时期吸纳了诸子百家各种思想、整合了不同思想观念后，形成了"独尊儒术"的局面。而至南北朝隋唐时期，在经历了魏晋以来长期的社会动荡以后，伦理道德思想的融合面对的已经是本土文化——儒学与外来文化——佛教的结合问题。作为一种外来文化，佛教在传入之初就遇到与本土文化的冲突。在伦理道德思想上，佛教的教义与封建名教纲常是矛盾的。比如，儒家倡导忠君、孝亲，而佛教却落发出家，以佛为崇拜对象。但是，从汉代开始，佛教发展传播的过程就不断与本土文化相结合。为了感化民众，争取从上到下的支持，佛教一再强调佛教教义与儒家伦理思想是一致的，并不违背忠君、孝亲的传统道德规范，[①]还经常将佛教的理论比附儒家的纲常名教。东晋名僧慧远说："道法之于名教，如来之于尧孔，发致虽殊，潜相影响，出处诚异，终期相通。"（《沙门不敬王者论》）唐代宗的《华严原人论》也力证三教殊途同归："令持五戒（自注：不杀是仁，不盗是义，不邪淫是礼，不妄语是信，不饮酒噉肉，神气清洁，益于智也），得免三途，生人道中。"五戒是佛教信徒的基本生活规则，也是最基本的行为规范，以用五戒比附五常，是中国佛教徒对传统儒家思想的一种特殊认同方式，这是典型的佛教学说的中国化。而作为本土宗教的道教为了调和与儒家的矛盾，甚至直接把遵循名教纲常作为长生成仙之"本"。东晋道教理论家葛洪说："欲求仙者，要当以忠孝和顺仁信为本，若德行不修，而但务方术，皆不得长生也。"（《抱朴子·对俗》）总之，儒释道三教合流，相互影响，是这一时期社会道德生活的基本趋势，后世宋明理学的产生就是这一趋势的发展和完成。

[①] 朱贻庭：《中国传统伦理思想史》，上海：华东师范大学出版社，2009年版，第210页

(二) 南北方民族融合、道德生活上宽容开放

民族生活习俗的融合是南北朝隋唐时期道德生活融合性另一方面的体现。东晋时期，北方各游牧民族先后入主中原，民族迁徙规模巨大。至隋唐时期，各民族密切交往，统一稳定、富庶豪气的唐帝国海纳百川，以开放包容的心态对待各少数民族，这一时期基本没有民族偏见。李世民曾说："历代以贵中华，贱夷狄，朕则不同。我今为天下主，无问中国及四夷，皆养活之。不安者我必令安，不乐者我必令乐。"(《册府元龟》卷170) 民族融合的过程既是血统的融合，更是文化与道德的融合。"胡人汉人之分别，在北朝时代文化较血统尤为重要。凡汉化之人即目为汉人，胡化之人即目为胡人，其血统如何，在所不论。"① 这其中所谓的汉化、胡化都不是简单的民族服饰的变化，而是指不同民族间的生活习俗、道德观念等的转化与吸收。比如唐代生活中的收继婚，就是指家中长者（父、兄、伯、叔）去世后，其遗孀可以被子弟及侄辈收为妻妾。按照儒家传统道德规范，这种婚姻现象被视为乱伦，但在当时这一风俗曾遍及我国南北朝时的西、北部各游牧民族，从而在隋唐时期对中原地区产生了广泛的影响，唐代几位皇帝的"乱伦"便是例证。

总体来说，南北朝隋唐时期，尽管没有从理论上提出和论证更多新的伦理道德规范和道德理论，但是现实的社会道德生活表现却是丰富多彩、宽容开放的。也就是说，这一时期以"三纲五常"为核心的中国传统道德规范仍在持续性地发挥作用，但其调控力和约束力有所削弱。这既是理论上魏晋玄学对传统名教纲常批判和改造、隋唐儒释道合流的必然结果，也是南北方民族大融合过程中，北方少数民族的道德习俗冲击中原传统儒家礼制的必然表现，更是隋唐时期国家强盛、民族自信在

---

① 陈寅恪：《隋唐制度渊源论稿/唐代政治史述论稿》，北京：生活·读书·新知三联书店，2004版，第200页

思想道德文化上的包容体现。以夫妇及两性道德为例，当时既有传统的男尊女卑的伦理要求，又表现出那个时代特有的开放性和宽容性。《唐律》规定："若夫妻不相安谐而和离者，不坐。"这是用国家法律保障了婚姻在一定程度上的自由和开放。

总之，魏晋隋唐时期，从战乱纷争到再统一，民族的迁徙融合过程明显。各少数民族的文化和中原大地的儒学文化兼容并蓄而共存，使得自汉代起确立的"三纲""五常"等道德原则和道德规范在这一时期遭到一定的冲击，社会道德生活方面也因此表现出宽容、开放的特点。而至唐末的五代时期，社会动荡，政权更迭频繁导致传统的社会伦理道德秩序几乎破坏殆尽，社会的道德调控接近崩溃。欧阳修在《新五代史》中描述道："干戈贼乱之世也，礼乐崩坏，三纲五常之道绝""君君、臣臣、父父、子子之道乖，而宗庙、朝廷、人鬼皆失其序"。经历了魏晋隋唐的包容性变迁发展和五代的道德之伤，自宋代起才最终成就了宋明理学的深刻，以及逾显专制与残酷的道德建设。

第四节　宋元明时期中华民族传统道德"神圣化"发展

宋至明朝中期，中国封建社会走过了最鼎盛的时期，开始了从抛物线的顶端往下滑动的过程。这个阶段中国古代社会经济在进一步发展，专制统治在进一步强化，以"三纲五常"为核心的封建伦理道德体系进一步完备。在学术理论上，纲常被进一步神圣化，维护君、父、夫权的忠、孝、节进一步绝对化；在社会层面上，道德教化全面加强与普及，伦理道德纲常的严酷性进一步显现，以致社会上愚德现象日益增多。后人指责、揭露的"以理杀人""礼教吃人"等就是对这一时期封建纲常礼教严酷性的深刻批判。

一、统治者推崇儒学、强化纲常道德

宋之前的唐末五代战乱不止,王朝频繁易姓,封建伦理纲常被破坏殆尽。欧阳修的《新五代史》充分描述了那个时代纲常倾覆、道德沦丧的历史场景。"五代之际,君君臣臣父父子子之道乖"(《新五代史》卷十六,《唐废帝家人传》)因此,五代时期可以说是"宗庙、朝廷,人鬼皆失其序"。这种纲常伦理尽失的残局与唐末五代大乱局是互为因果的。① 在这一历史背景下,宋朝的最高统治者要维护自己的统治地位和统治秩序,就必须借重儒学迅速恢复传统纲常秩序,重树"三纲"的权威。因此,通过推崇、弘扬儒学而广兴道德教化,始终是宋及以后的各朝统治者治理国家和社会的基本国策。这一做法也确实通过国家政权的保障以及对民众全面"洗脑式"的教化,起到了维护古代等级制社会秩序、强化君主专制的中央集权的显著效果。

宋朝一建立就极力推崇儒学,明确了儒学独尊至上的地位。宋太祖赵匡胤黄袍加身即巡视太学,"诏增葺祠宇,塑绘先圣先贤像,自为赞,书于孔、颜座端,令文臣分撰余赞,屡临视焉"。(《宋史纪事本末》卷七,《太祖建隆以来诸政》)随后,宋朝历代皇帝全都谨遵主训,因"儒者通天地人之理,明古今治乱之原"而大力推崇、表彰儒学。为了进一步从制度上保证儒学的正统地位,宋代科举考试特别重视儒学"经义"。宋哲宗明令:"进士专习经义",并"禁主司不得以老、庄书命题,举子不得以申、韩、佛书为学"。(《宋史纪事本末》卷三十八,《学校科举之制》)儒学独尊的地位被科举制度无以复加地保证并巩固。

元朝尽管是北方蒙古族所建立的政权,但是元世祖忽必烈非常重视汉族的文化传统,他即位之后,先后祭孔,"修宣圣庙",在上都"重

---

① 张锡勤、柴文化:《中国伦理道德变迁史稿》下,北京:人民出版社,2008年版,第6页

建孔子庙"等,《元史》称他"信用儒术"。因此元朝同样是典型的"崇儒重道"的朝代。明朝时,统治者认为国家社会的兴衰治乱取决于"圣人之道"是否昌明,因而更加自觉地推崇和弘扬儒学。为了广兴教化、统一思想、端正人心,明太祖曾颁布"教民六谕",明成祖夺得帝位后不久就命令胡广等人编纂《五经大全》《四书大全》《性理大全》三部大书,并亲自为其作序,颁行全国。这就使得儒学(主要是宋代的程朱理学)在社会上更加普及,也为国家推行的道德教化提供了比较系统的理论依据和指导。由此,整个国家因"家孔孟而户程朱",从而使得人人皆"佩道德而服仁义,咸趋圣域之归"。①

二、思想家发展儒学、创建神圣理学

宋明时期,社会道德建设的理论依据是宋明理学。北宋统治者鉴于唐末的藩镇割据、五代之乱引发礼崩乐坏的历史教训,为了从思想上控制、杜绝所谓的"以下犯上"和"臣弑其君"等活动,开国之初就开始整顿道德、强化纲常、弘扬儒学,排拒"异端",这些举措得到了广大士人、传统儒家学者的拥护、支持和自觉参与。在这种社会大环境中,儒学不仅得以复兴,而且实现了自身的超越和变革,孕育了在此后800多年间中国历史上影响巨甚的理学(道学)。理学理论奠基于北宋时期,由程颢、程颐形成体系,到南宋朱熹集其大成。理学不仅对中国古代哲学的发展和成熟做出了重要贡献,更为中国古代伦理道德学说的发展和成熟做出了巨大贡献,使中国传统道德的理论基础更加丰厚。由此,其权威性得以完全确立,严酷性也充分暴露。

(一)宋明理学充分论证伦理道德学说的神圣性

理是理学的最高范畴,在理学的哲学体系中,理是宇宙的本体和万

---

① 侯外庐等主编:《宋明理学史》下册,北京:人民出版社,1997年版,第12页

物的本源，是"天下万物当然之则"（《朱子语类》卷一百一十七）。因此，理学家都对理推崇备至。为了树立理的绝对权威性、普适性，二程曾反复强调："天理云者，这一个道理，更有甚穷已？不为尧存，不为桀亡。"（《河南程氏遗书》卷二上）朱熹同样把理奉为天地万物的本原，他强调说："宇宙之间，一理而已"，"有此理，便有此天地；若无此理，便亦无天地，无人无物，都无该载了"。（《朱子语类》卷一）"未有这事，先有这理。"（《朱子语类》卷二十四）

在宋明理学中，理学家们在论述天理的神圣性、权威性和先验性的同时，对于作为世界本体、万物本原的"理"明确赋予了伦理属性，使三纲五常成为天理的具体内容。也就是说，在理学家们眼中，作为天地万物本原的理，其基本内容就是以三纲五常为核心的道德准则。"君臣父子，天下之定理，无所逃于天地间。"（《河南程氏遗书》卷五）"男女尊卑有序，夫妇有倡随之礼，此常理也。"（《周易程氏传》卷四）理学的集大成者朱熹对此论证得最为系统和直接："宇宙之间，一理而已。天得之而为天，地得之而为地，而凡生于天地之间者，又各得之以为性。其张之为三纲，其纪之为五常，盖皆此理之流行，无所适而不在。"（《朱文公文集》卷七十，《读大纪》）程朱把封建道德纲常上升到本体、本原的高度说成天理，其目的就是为了赋予三纲五常以不可置疑的权威性，也就是借助理的权威性和普适性论证三纲五常的天然合理性。推崇心为世界本原的陆王心学与程朱理学虽然存在明显的分歧，但其把三纲五常说成是天理这一点与程朱理学是一致的，其根本宗旨也同样都是为了论证说明封建纲常的神圣性和合理性。① 陆九渊认为"仁即此心也，此理也"；"仁义者，人之本心也"。（《陆九渊集》卷一）王守仁认为，作为世界本原的心表现于外就是人的道德行为："发之事

---

① 张锡勤、柴文化：《中国伦理道德变迁史稿》下，北京：人民出版社，2008年版，第17页

父便是孝，发之事君便是忠，发之交友治民便是信与仁。"(《王阳明全集》卷一，《传习录上》)

把天理奉为宇宙本体、世界本原，进而把三纲五常神化为天理，宋明理学正是在把道德形而上化为宇宙本体的前提和理论铺垫下，对三纲五常推崇至高，使之进一步神圣化和绝对化。宋明时期，纲常规则逐渐深入人心，并且转化为社会性的普遍舆论，其统摄力、影响力显著增强，在社会生活中发挥出前所未有的巨大的作用。

(二) 宋明理学明确提出道德修养的极端目标

宋元明时期，道德建设的根本宗旨就是强化纲常规则的统摄力，以期更为有效地维护封建等级制的统治秩序。甚至在两宋都面临的外敌侵扰、国土被占等问题上，理学家们也认为"振三纲，明五常，正朝廷，励风俗"，"乃是中国治夷狄之道"。(《朱子文集》卷三十) 因此，中国传统伦理道德领域一直高度重视的义利、理欲以及公私等问题，被宋明时期的思想家们更加普遍地关注，并且更突出地强调义、理、公的地位，进而提出了"存天理，灭人欲"的极端修养目标。

程颢认为："天下之事，惟义利而已"(《河南程氏遗书》卷十一)，"义利云者，公与私之异也"(《河南程氏粹言》卷一)。朱熹更是把"义利之说"提到"儒者第一义"的地位，基本继承了汉儒董仲舒的"正其谊不谋其利，明其道不计其功"的观点，尽管他们并不简单地否定、排斥利，但是，利要符合义，也就是说求利必须遵循正确的原则，即"顺理无害""不至妨义"。程朱等人反对背义求利，这同先秦儒家"见利思义"的思想是一致的。在义利之辩的基础上，宋明理学又进一步提出"天理人欲"之辩。在人的生理需求、物质欲望和社会纲常道德准则之间，如何使前者限定在后者所许可的范围之内，这对维护封建等级制度的社会秩序至关重要。二程尽管不完全排斥人的欲望，但是他们把人的欲望分为天理和私欲两个方面，进而强调天理和私欲是对立的，"人之欲无穷也，苟非节以制度，则侈肆，至于伤财害民矣。"（《周易程氏传》卷四）由此可见，天理就是维护封建等级秩序的社会道德规则。因此，他们主张"无人欲即皆天理"或说"损人欲以复天理"。这种带有明显禁欲主义色彩的理欲观典型地体现在他们对寡妇再嫁的态度——"饿死事极小，失节事极大"。（《河南程氏遗书》卷二十二）朱熹继承二程的观点，进一步强调天理、人欲的势不两立、不共戴天，且断言："人之一心，天理存，则人欲亡；人欲胜，则天理灭，未有天理人欲夹杂者。"（《朱子语类》卷十三）"心本派"理学的代表王守仁同样强调只有去人欲，才能存天理："圣人述六经，只是要正人心，只是要存天理，去人欲"；"去得人欲，便识得天理"。（《王阳明全集》卷一，《传习录上》）

从抽象理论意义上讲，宋明理学主张的崇义、重理、尚公对于提升人的道德精神境界、遏制奢华享乐的社会风气是具有一定的积极意义的。但是，义、理、公都是一个历史范畴，其具体的内涵和要求是因时因地而异的。包括理学家在内的中国古代思想家所强调的义、理显然是维护封建等级秩序的一系列社会道德准则。就维护封建等级秩序的根本大局而言，这种重义尚德的主张是必要的社会理论基础，但是，若走向极端而因此不顾现实中的具体功利，就必然带来消极的影响。例如，南宋强敌压境下的委曲求全、近代封建顽固派反对洋务派学习西方等都以其为借口，宋明时期社会上各种愚德现象的广泛出现也是这种思想进一步强化的结果。后人严厉指责、控诉、揭露的"以理杀人""礼教吃人"主要就是指这个阶段封建纲常礼教的严酷。

三、宋元明时期中华民族传统道德畸形发展

宋明理学倡导的"存天理、灭人欲"的道德纲领，对于维护大一统的封建专制统治秩序是一种非常有力的思想工具，因此，宋元明时期的统治者都极力宣扬、倡导理学。由二程开创的理学，形成于北宋末

年，南宋朱熹集其大成，而正式得到官方认可、成为官方哲学则是在南宋末年朱熹死后。因此，就程朱理学的社会影响而言，在两宋之际不似明清时期那样巨大。但是，北宋从开国之初就重视儒学、重视纲常伦理的教化与倡导是代代相传的，直至明清，历朝历代对理学（道学）的尊崇、宣扬与普及都是竭尽了全力。从教育、考试、法律等社会生活的方方面面，都使理学的地位进一步得到了制度性的保障。正是在统治者的大力倡导、理学家的极力论证下，封建纲常礼教上升为"天理"，越来越神圣。这一时期，君权、父权和夫权进一步强化，达到了绝对化的程度，社会生活中则走向了"吃人"的极端。宋明时期各种愚忠、愚孝、愚贞的现象比历史上任何时期都典型，正是"三纲"绝对化的必然结果。

首先，随着君主专制的中央集权日益强化，宋以后的君权更加神圣不可侵犯而绝对化。于是，在高度集权的君主面前，臣子的地位日益卑微，明朝的"廷杖"之制更使臣子无人格尊严可谈。这一时期，由于"君为臣纲"已上升为天理而深入人心，所以，臣子必须绝对服从君主的观念已经内化为高度自觉的行为。司马光曾说："君臣之位犹天地之不可易也……君臣之分当守节伏死而已。"（《资治通鉴》卷一，《周纪一》）从明代的"靖难之役"中能够明显地看出这种"不易"和"死节"的忠君之道。"靖难之役"是明朝皇室内部一场争夺帝位的斗争，这种情况在中国历史上曾多次发生过，但是，在"靖难之役"中为建文帝"死节"的大臣数量之多，超过历史上诸多改朝换代的大变故。[①] 当然，这一时期的忠，亦有突破忠君的局限而扩大至为国家、民族尽忠的情况。北宋抗辽的杨业父子，南宋抗金的岳飞、韩世忠，南宋末年的文天祥，明朝的于谦等人都表现出了忠于国家、忠于民族的英雄气概。

---

① 张锡勤、柴文化：《中国伦理道德变迁史稿》下，北京：人民出版社，2008年版，第57页

其次,父权进一步绝对化,社会上愚孝现象增多。宋、元、明诸代,通过各种途径对孝的表彰、奖励从未间断。理学家们为倡导孝道,提出了"天下无不是底父母"(《宋元学案》卷三十九,《豫章学案》)的观念。朱熹在其《四书章句集注》中引用此说法后,其影响越来越大。由此,社会普遍重孝、行孝,对于推动社会的文明进步是有一定积极作用的。但是,那时的孝更强调子女对父母不论是非曲直的绝对顺从与无违,使得畸形的愚孝现象层出不穷。为治疗父母疾病而卧冰割股,甚至杀子祭神的情况时有发生;父母亡而葬之后,经年累月地卧棺之侧,甚至"终身庐于墓侧"的孝子也不在少数。孝本来是源于维护家庭稳定和谐的美德,但是,不问曲直地走向"子为父死"的极端后,美德即变成了愚德。"五四"时期,鲁迅先生就中国传统孝道的"长者本位"观念曾指出:"父兮生我一件事,幼者的全部便应成为长者所有。"便是对这一时期孝道的深刻分析。

再次,夫权进一步强化,"从一而终"的观念得到广泛认同,社会上愚贞、愚节现象明显增多。北宋开始时,社会上"从一而终"的贞节观念尚不很浓,随着理学兴起,三纲上升为天理,特别是程颐提出"饿死事极小,失节事极大"后,"名节重丘山"的观念日益深入人心,"从一而终"的贞节观念急剧强化。有学者曾根据《古今图书集成·闺媛典》的记载做了如下统计:两汉节妇年均为0.05人,魏晋南北朝为0.09人,隋唐为0.1人,两宋为0.48人,元为4.46人,明为98.34人,清初顺治、康熙两朝则达120人。① 从这组数据可以看出,元代以后,社会上的"贞女""节妇"人数发展速度之快是非常惊人的。元明时代,为坚持"从一而终"而采取毁容甚至自杀等极端手段的年轻女子不胜枚举。"从一而终"观念的畸形强化,使得妻子几乎完全丧失了作为一个独立个人的自身存在价值,完全成为丈夫的附属品。

---

① 蔡凌虹:《从妇女守节看贞节观在中国的发展》,《史学月刊》,1992年第4期

总之，宋元明时期，统治者为加强中央集权的君主专制统治秩序，都高度重视以"三纲五常"为核心的社会道德建设，崇儒重道。官方的推崇与重视催生了儒、佛、道三者合流的新儒学——理学，并经过宋明数十代理学家的努力，最终使传统儒家伦理思想获得了更完备的理论形态，而达到了最高的发展阶段。成熟完备的理学思想反过来又作为行动的先导而被统治者认可，成为官方钦定的正统学说并加以推广和倡导。这就使得理学思想进一步深入人心，获得广泛的社会认同。正是在这样一个官方推崇——学说发展——官方认可——学说世俗化的循环发展过程中，曾经对当时的社会稳定与发展起到一定积极作用的理学的纲常礼教逐步走向了极端，进而畸形发展成为"吃人的礼教"。

第五节 明清之际中华民族传统道德启蒙性变迁

明清之际是指明朝中叶以后，直到第一次鸦片战争前的这一历史时期。此时，中国封建社会开始步入晚期，尽管在社会经济领域出现了一些新的因素、新的变化，但是现实中的封建专制统治还在继续加强。因此，从中国伦理道德演变发展的历史角度分析，这是一个新旧道德并存，但旧者仍占绝对统治地位的时期；从中国传统伦理道德思想发展的角度分析，这是一个开始对传统伦理道德思想进行批判总结的阶段。

一、思想界批判传统道德，渴求启蒙新观念

现代史学研究认为中国历史发展到明代中叶，在江南的苏、松、杭、嘉、湖等商品经济比较发达的地区，出现了经济领域内的资本主义萌芽。这个新的经济现象的出现和发展，尽管在当时还是极其脆弱的，分布和影响的范围也十分有限，但多少还是动摇了某些由来已久甚至可

以说是根深蒂固的观念。同时，明朝的统治从英宗时期开始即已中衰，皇帝荒嬉怠政，宦官、权臣专权独断，政治的腐败黑暗达到了极点，贫富极端不均、阶级矛盾空前尖锐。清入关之后，民族矛盾又空前激烈，清王朝建立后为了巩固政权，大兴"文字狱"，实施严酷的文化专制政策，并把程朱理学钦定为千古不变的绝对真理，使得程朱理学更趋腐朽和僵化而丧失了发展的活力。因此，明清之际的一批进步思想家，从明王朝衰亡的历史教训中，从清朝统治者利用程朱理学实施思想文化专制的严酷现实中，并在商品经济发展的刺激下，开始逐渐认识到宋明理学的危害，并对其进行了深刻的批判和总结。

（一）批判"三纲"以探索民主平等

自从西汉董仲舒用阴阳五行关系推演出"君为臣纲""夫为妻纲""父为子纲"，并断言"王道之三纲可求于天"以来，在中国封建社会中"三纲"一直被视为是天经地义的，是传统封建道德体系的最高原则。但是明清之际的一些进步思想家在审视、批判宋明理学和传统道德时，开始公开质疑"三纲"的合理性。

首先，从君主的起源和职责上动摇了"君为臣纲"的理论基础。在漫长的中国封建社会中，君权具有绝对的权威，其理论基石就是"君权神授"。早期的启蒙思想家黄宗羲则认为从本源上讲，君权起源于为天下人兴利除害的需要，"有生之初，人各自私也，人各自利也，天下有公利而莫或兴之，有公害而莫或除之"。"原夫作君之意，所以治天下也。"（《明夷待访录·原君》）并由此提出了"天下为主，君为客"的崭新命题。而且，通过分析君主职责的蜕变，得出激烈的结论："然则为天下之大害者，君而已矣。"（《明夷待访录·原君》）为了反对"君权神授"，唐甄提出了"天子非神而皆人"的命题，从源头上对"君为臣纲"的至上权威进行了抨击。（《明夷待访录·原君》）这些论调从根本上动摇了"君为臣纲"的正当性和可能性。

其次，在批判"三纲"的基础上探索建立新型平等的君臣、夫妇关系。早期的启蒙思想家都怀有朦胧的平等意识，对君权和夫权的分析批判与其平等观具有某种程度的内在一致性。① 李贽认为君臣之间基于养民的共同职责，没有固定的义务和责任，若"君不能安养斯民"，则臣就没必要再为其尽忠。基于君臣共同承担治理天下的职责，黄宗羲认为君臣之间是平等的共事者关系："夫治天下犹曳大木然，前者唱邪，后者唱许。君与臣，共曳木之人也。"（《明夷待访录·原臣》）王夫之反对"忠臣不事二主"的观念和做法，主张帝王大位"可禅，可继，可革，而不可使夷类间之"（《黄书·原极》）。"故人无易天地、易父母，而有可易之君。"（《尚书引义》卷四，《泰誓上》）在夫妇关系上，基于男女平等观念的鼓动，李贽强烈反对理学家"饿死事小，失节事大"的说教，认为不准寡妇再嫁、妇女必须从一而终是丧天害理。唐甄则把平等原则提到了"天地之道"的高度，在本体哲学领域为人人平等寻找理论根基："天地之道故平，平则万物各得其所。"（《潜书·大命》）由此，他认为夫妻之间应该是"夫妻相下"的平等关系，而且强调"敬且和，夫妇之伦乃尽"（《潜书·内伦》）。

明清之际的启蒙思想家对"三纲"和相关传统道德的初步批判是近代道德革命的先声，其中的许多言论和观点都被近代思想家们所继承并进一步发挥。但是，历史地分析，这批早期启蒙思想家对"三纲"的批判是具有明显的不彻底性的。就"君为臣纲"而言，他们所反对的是君主私天下的专横，而非君主制度本身。就"夫为妻纲"而言，提出男女平等和反对"男尊女卑"的仅仅是面对严重不平等的社会现实有些许人道情怀的极少数人。总之，清明之际对传统"三纲"发动冲击的仅限于极为杰出的少数思想家，他们的思想虽然并未能改变当时的社会道德状况，但是，他们呼吁道德改革的先声，在中国思想史上、

---

① 张锡勤、柴文化：《中国伦理道德变迁史稿》下，北京：人民出版社，2008年版，第103页

伦理道德演变史上却具有重要的价值和意义。

（二）批判禁欲主义而重视现实功利

随着商品经济的刺激和个性解放的呼吁，明清之际的早期启蒙思想家对宋明理学的理欲、义利观念表现出极大的不满，他们大都以经世致用的务实态度在价值观方面表现出具有时代新义的功利倾向，否定、批判传统的"存天理、灭人欲"和"正义不谋利"的道义论以及禁欲主义。这是明清之际反理学伦理道德思想的中心议题，集中反映了这一时期由于商品经济发展和社会巨变而带来的道德领域的巨大变化，也是这一时期的伦理道德思想之具有启蒙特点的基本标志之一。[1]

首先，在批判"存天理、灭人欲"的基础上，肯定"人欲"的自然合理性，强调"天理"与"人欲"的统一。宋明时期，伴随着程朱理学被钦定为官方哲学，"存天理，灭人欲"的说教在社会上产生了极大的影响，到明清之际，其负面影响和弊端也日益突出。因此，早期的启蒙思想家对"存天理，灭人欲"的各种禁欲观念展开了无情的批评，认为人真正做到无欲是不可能的，对人欲只可适当节制，不能从根本上加以遏制。王夫之强烈反对理学家将天理与人欲截然对立的做法，强调二者的密不可分，并由此提出："天理寓于人欲"，"人欲之各得，即天理之大同"，（《读四书大全说》卷四）主张人的饮食男女之欲都应该得到合理的满足。戴震则明确指出"存天理、灭人欲"这个口号本身是荒谬的，其错误在于没有认识到生存欲望是人的自然本能，只有本能的需求得到满足才能动静有节、心神自宁[2]，并进一步提出了"使人之欲无不遂，人之情无不达"，即是"道德之盛"（《孟子字义疏证》卷下）的进步观点。

---

[1] 朱贻庭：《中国传统伦理思想史》，上海：华东师范大学出版社，2009年版，第331页
[2] 张锡勤、柴文化：《中国伦理道德变迁史稿》下，北京：人民出版社，2008年版，第107页

其次，重视现实功利、推崇经世致用的义利观。以儒家为代表的主流价值观念一直是重义轻利的，程朱理学更是把轻功利的倾向推向了极端。明清之际的李贽、颜元等早期启蒙思想家对旧价值观的批判直接指向了自董仲舒以来的"正义不谋利"的道义论，他们反对义与利的割裂，强调功利与道德的密切相关性。李贽认为人人都有功利之心，趋利避害是人共同的天性，"虽圣人不能无势利之心"（《李贽文集》第七卷，《道古录上第十章》）。王夫之提出"义利之分，利害之别"，认为能否正确处理义利关系，关乎"民之生死，国之祸福"（《尚书引义·禹贡》）。颜元用事实揭露了理学反功利的荒谬性："世有耕种而不谋收获者乎？世有荷网持钩而不计得鱼者乎？抑将恭而不望其不侮，宽而不计其得众乎？"（《颜习斋先生言行录》卷下，《教及门第十四》）进而改董仲舒的"正其谊，不谋其利"为"正其谊以谋其利，明其道而计其功"（《四书正误》卷一，《大学·大学章句序》），表达出一种义利统一的新的义利观。唐甄明确主张以救民、济世的实际功效作为评价行为善恶的依据，"车取其载物，舟取其涉川，贤取其救民。不可载者，不如无车；不可涉者，不如无舟；不能救民者，不如无贤"（《潜书·有为》）。

二、统治者加强文化专制，严酷维护旧道德

明清之际，早期启蒙思想家公然批判"三纲"，提出经世致用、义利统一的新的价值观念，这些主张作为道德变革的最初呼声，尽管在中国思想史上具有极高的地位和价值，但是在当时的社会现实中，其影响基本上仅局限于少数思想界的精英阶层，对整体思想界以及社会现实的影响并不大。同时，由于清朝的封建统治迅速稳固，而且清朝大兴文字狱，实施严酷的文化专制主义政策，早期启蒙思想被压制，思想界"万马齐喑"的局面成了常态。对于广大民众和一般士人来说，占主导地

位的依然是官方倡导的程朱理学及其道德价值观念。

（一）清朝统治者进一步强化封建纲常

在中国古代历史发展中，经历了长期战乱后而建立起来的每一个新朝代，为了安抚、统治民众，恢复社会秩序等，都会在其建立之初进行一番推崇传统纲常、广兴教化的工作，清朝亦如此。清入关后不久，世祖顺治皇帝即重申明太祖的"教民六谕"，作为向民众进行教化宣传的纲领。圣祖康熙皇帝时，又在"教民六谕"的基础上提出更为全面、详尽的《圣谕十六条》。世宗雍正皇帝时又对"圣谕十六条"逐条详加解说，写成洋洋万言的《圣谕广训》，颁发全国，令地方官员选用专任，每月朔望日向民众宣讲。与前代相比，清代更加重视表彰忠、孝、贞节，也更加尊崇程朱理学。在当时形成了尊程朱即"宗孔孟"的强大舆论形势，程朱的权威地位达到了前所未有的高度。在这样的社会氛围中，程朱所论证为"天理"的纲常自然更加神圣，必然顽固地控制着社会领域的思想道德。同时，清初面临着严重的满汉民族矛盾以及汉族士大夫对满洲贵族统治的不认同。为取缔反清思想，稳定自己的统治地位，清前期大兴文字狱，施行政治、思想、文化的高压政策。其最直接的后果就是造成了清代思想领域长期"万马齐喑"的可怕局面，臣子、士人的社会责任感遭到严重摧残。[①]

（二）社会道德状况复杂、严峻

急剧的社会动荡，特别是随着商品经济的发展，明清之际的社会道德状况表现出新旧共存的复杂局面。

首先，在商品经济的刺激下，江南市民阶层的道德观念出现新变化。明清之际，在商品经济最先发展起来的江南地区，诸多市民在现实生活中开始积极追求正当的功利和欲望。到明朝中期，商品经济的发展

---

① 张锡勤、柴文化：《中国伦理道德变迁史稿》下，北京：人民出版社，2008年版，第89页

在江南地区已成必然之势，这使得民众在人生价值观方面表现出"重货""重利"、轻理重欲的新倾向。比如，有书中描述当时"徽州风俗，以商贾为第一等生业，科第反在次着"。经商获利的荣耀几乎等同于传统时代的"金榜题名"了，这无疑是价值观念的一种新变化。同时，不少市民也逐渐开始把欲看作是人正当的、自然的生理需求和本能。有的研究者曾经指出，在"三言""二拍"中，"一般不把人欲与'恶'相提并论"，"而是较客观较清醒地展示人欲的复杂情态"，特别是其中"婚恋篇章中包孕了一个澄之不清、扰之不浊的人欲展厅"。①

其次，以"三纲"为核心的传统道德理念依然占据统治地位。如前所述，明清之际早期启蒙思想家对"三纲"和某些传统观念的批判虽然尖锐、激烈，但是，对整个社会的影响并不大；商品经济的出现和发展连带出某些社会观念的变化也是局部性的。因此，总体来说，传统道德价值观念并未发生根本动摇。而且，清初统治者为巩固统治，在政治上、文化上、思想上实行高压政策，以三纲为核心的旧道德不仅没有削弱，其控制力反而更加强大。著名史学家钱穆曾概括："（清）君尊臣卑，一切较明代尤远甚。明朝仪，臣乃四拜或五拜，清始有三拜九叩首之制。明大臣得侍坐，清则奏对无不拜。明六曹答诏皆称'卿'，清则率斥为'尔'。而满蒙大吏折奏，咸自称'奴才'。"② 与忠君一脉相承的是孝亲观念、贞节观念在这一时期同样强大。在朝廷的强力倡导下，随着孝的极端化、绝对化的发展，明清时期出现的各种病态的、残忍的愚孝行为较前朝有增无减。贞节观方面，史学界普遍认为，中国古代的贞节观从总体上看是以宋代为分水岭的：宋以前比较宽松，宋以后明显偏紧，明朝尤甚，清朝则到了无以复加的程度。③

---

① 陶尔夫、刘敬圻：《说诗说稗》，哈尔滨：黑龙江教育出版社，1997年版，第502页
② 钱穆：《国史大纲》下册，北京：商务印书馆，1994年版，第833–834页
③ 张锡勤、柴文华：《中国伦理道德变迁史稿》下，北京：人民出版社，2008年版，第131页

总之，明清时期社会的动荡、商品经济的萌芽、个性解放的需要促成了具有早期民主主义精神的启蒙思想出现，他们对传统的"三纲"和义利观念进行了总结性的批判和揭露，其思想主张在中国古代思想史上具有极高的历史地位，是近代道德革命的先声。但是，这股先进的思想理念被当时的统治者视为异端而严加打击，因此，他们对当时社会的实际影响非常有限，并没有动摇以"三纲"为最高原则的旧道德体系的统治地位。同时，商品经济刺激下在江南某些地方率先出现的开始重视利、欲的新观念也只是局部的、有限的，同样没有改变传统的"存天理、灭人欲"的整体价值观念。社会现实中，以"三纲"为核心的旧道德中"以理杀人""礼教吃人"的残酷一面更加彻底和充分地暴露出来了。

第三章

中华民族传统道德古代传承的原因分析

马克思主义认为，道德作为一种社会现象，属于社会上层建筑和社会意识形态，根源于社会经济状况，随着人类社会历史的发展变化而变化，是一个历史的范畴。古代中国数千年的历史发展中，有分裂、有统一，有战乱、有和平，但是，传统道德的统治地位却代代相传，始终未变。探究中国古代传统道德传承不断的综合原因，是我们充分认识道德对于当前中国社会治理具有重要意义的前提，更是我们寻求传统对现代的启示的出发点。

第一节 农耕社会经济形态是中华民族传统道德古代传承的基本因素

"意识在任何时候都只能是被意识到了的存在，而人们的存在就是他们的实际生活过程"。[①] 道德的传承作为人类社会活动的产物，只有在人类的"实际生活过程"中去考察才有客观的意义，而人类实际生

---

① 《马克思恩格斯选集》第1卷，北京：人民出版社，1995年版，第72页

活过程中最根本的基础就是社会经济基础。在全球范围内，中华民族是较早进入农耕时代的，中国的农耕文明发展最为成熟和完善，亦最为长久。自给自足的传统农耕文明在中华大地延续数千年，深刻影响着中国传统社会的方方面面，当然包括对社会道德体系等问题的思考和选择。

一、农耕社会的稳定性及传承性决定了传统道德传承的可能性

马克思曾说："物质生活的生产方式制约着整个社会生活、政治生活和精神生活的过程。不是人们的意识决定人们的存在，相反，是人们的社会存在决定人们的意识。"① 这一理论同样适合于对古代中国传统道德这种社会意识形态的传承状况的分析，在以农耕文明为主体的社会中，人们生产、生活的具体方式决定了其意识思考的内容与方式，也制约着其思想所能达到的广度与深度。

安土重迁的农耕社会，其首要的特征就是稳定性。在以自然经济为主的农耕社会，土地是人们生存的基础性、必要性条件，只有通过向不可移动、没有太多变数的土地和天空索取生活资料，人们才能得以生存和发展，因此，人民必须扎根、固定于土地之上。对于农耕社会而言，使一块土地适于耕种、养活人民，并不是一件容易的事，更不是单个的人能独立做到的。同时，兴修水利作为保证农业耕种丰收的基础条件，更需要长期的投入、逐步地完善。因此，面对付出了艰辛和汗水的故土家园，人们重稳定、轻迁徙，生作耕、死作葬，土地成为不可或缺的农耕社会的"无机自然"。"农耕民族国家，是在土地这个固定的基础上，在农业经济发达的前提下建立起来的，因而具有稳定性。"② "以农为生的人，世代定居是常态，迁移是变态。"正如费孝通先生所言，"乡土

---

① 《马克思恩格斯选集》第 2 卷，1995 年版，北京：人民出版社，第 82 页
② 冯天瑜：《中华传统文化根植的经济土壤》，《湖北大学学报（哲学社会科学版）》，1990 年第 1 期

社会是安土重迁的，生于斯、长于斯、死于斯的社会。不但人口流动很小，而且人们所取给资源的土地也很少变动"。① 农耕社会的这种稳定性，对于农耕社会的延续和文化的发展都有决定性的影响，为思想、文化和道德的代代传承提供了前提和可能。因为土地的不可移动性直接决定了和土地有关的生产资料的基本固定、以及以土地为生的人群的相对稳定，那么这个人群中所产生的文化、道德等无形的价值意识就能相对稳定，并代代传递。

农耕社会中还有一个非常重要的特征就是其传承性。在农业实践中，对于农作物的认识、耕作技术的掌握、耕作工具的制造与革新、农业耕种与天气季节变化的紧密联系等，都是人们从长期的实践中一点一滴积累起来的，并不断地加深认识、加以总结，然后再一代代传承下去。因此，实践经验对农耕文明的发展有着特别重大的影响和意义。一代代人的口耳相传是农耕社会里具体实践知识的主要传授途径，经验丰富的老人就理所当然地成为传播者。农业实践中的传承性决定了人们在思想道德文化上的传承与延续，于是，中国人就逐渐形成了注重传统、尊老尚齿的社会氛围。在古代中国尊老尚齿的经验传统与尊重高尚道德权威的德治传统是一个问题的两个方面。肖群忠教授曾经就中华民族传统道德中最具有传承意味的孝道在农耕社会中的产生做出此番解释："农业是以土地为主要的生产工具，而土地的保护与耕种及作物的照料与收获，均为个人能力所不逮，需靠持久而稳定的小团体共同运作。孝就必然产生了。"② 由此造就了中华民族崇拜祖先、尊重传统的浓厚观念。中国古代历史上的历次思想与社会变革，从孔子的"克己复礼"，到韩愈的古文运动、王安石的新政，大都以"复古"为旗帜，这其中更多地蕴含着"循环变易"、传承道统的价值理念。

---

① 费孝通：《乡土中国》，上海：上海世纪出版集团，2005版，第48页
② 肖群忠：《孝与中国文化》，北京：人民出版社，2001年版，第211页

二、农耕社会的重农抑商决定了传统道德传承的必要性

"重农抑商"是古代中国自秦汉以来直至清朝两千多年封建社会中的一项基本国策。战国中后期的法家最早主张重农抑商,当时主要是为了奖励耕战、富国强兵,以增强秦国的竞争实力、力图兼并六国而建立统一、集权的政治体制。秦汉以后,法家的这一主张逐渐被儒家承接而来,作为推行民本主义、实施仁政理论的重要手段。

重农。中国古代农耕社会基础数千年未变,在此之上,农业生产当然是重中之重,是国家生存发展之根、之本。"一夫不耕,或受之饥;一女不织,或受之寒。"因此,历代统治者都非常清楚农业生产对整个国家和社会稳定发展的重要性,并通过各种政令的颁布强调于全国。秦始皇时就曾实行"上农除末"的政策。汉文帝强调:"农,天下之大本也,民所恃以生也,而民或不务本而事末,故生不遂。朕忧其然,故今兹亲率群臣农以劝之。"(《汉书·文帝纪》)明初,朱元璋就推行"崇本而祛末"的基本国策:"今日之计,当定赋以节用,则民力不困;崇本而祛末,则国计可以恒舒。"(《明太祖实录〈卷20〉》)还有一种措施体现国家的重农之策,就是国家通过轻徭税赋以推动特殊时期农业的恢复和发展。汉初的休养生息之政使农业生产得到发展,国力得以恢复,正是这一举措的巨大推动作用,才成就了著名的文景之治。隋唐时期,长期实行轻租税的政策,后世多次的改革尝试中所出现的两税法、方田均税法、免役法、助役法、一条鞭法、摊丁入亩等,都涉及国之根本的农业,不同程度地减轻了农民负担、在农业生产实践发展中起到了举足轻重的重要作用。

抑商。任何一种社会里,都不可能绝对严格地杜绝商业流通和交换。中国汉代曾出现"法律贱商人,商人已富贵矣;尊农夫,农夫已贫贱矣"(《汉书·食货志》)的情形。为扭转和遏制这种"天下熙熙

<<< 第三章　中华民族传统道德古代传承的原因分析

皆为利来，天下攘攘皆为利往"（《史记·秦始皇本纪》）的非正常局面，由国家出面打压、抑制商业就理所当然地成为维系社会安危的重要选择。《史记》曾记载：汉初，"天下已平，高祖乃令贾人不得衣丝乘车，重租税，以困辱之"。比如，秦始皇时曾"发贾人以谪遣戍"（《史记·秦始皇本纪》）。即直接将经商视同为犯罪进行人身制裁。当然，汉代以后基本取消了这样过分的做法。禁止商人为官、禁止其子弟参加科举考试，是历代一直都在使用的最为有效的"辱"商措施，直到清末才有缓解。经商虽可增加物质财富，但不能致贵，不能走向仕途，不能光宗耀祖，这使得商人在农耕社会中基本没有相应的地位和身份。[1]

"重农抑商"政策的长期执行与传统伦理道德思想中的"重义轻利"观念是互为因果的关系。一方面，"重义轻利"、尊卑贵贱等伦理道德观念是在精神文化方面形成"重农抑商"传统的重要原因。儒家重义轻利的义利观始终在中国传统伦理道德文化中居于主导地位，经久不衰，直至宋明时期走向"存天理、灭人欲"的极端。在中国古代的农耕经济社会里，农是国家之大利、之根本，孔子曰："君子喻于义，小人喻于利。"这种"重义轻利"的道德观念是中国两千多年伦理道德思想的核心内容，构成了历朝历代坚决贯彻执行重农抑商政策的最重要的伦理道德因素。

另一方面，"重农抑商"政策的长期贯彻执行，严厉打击和阻止了破坏社会尊卑贵贱等级秩序的民间工商业，从而进一步维护了"重义轻利"的道德观念和尊卑有序的等级秩序，也就在社会实践中进一步保证了传统伦理道德观念的传承与发展。封建宗法制的小农经济社会中，"君君臣臣父父子子""君礼臣忠父慈子孝夫和妻顺兄友弟恭"等这些等级秩序的严格维系就是国家之"义"。但是，商业则天然地要求

---

[1] 赵晓耕、范忠信、秦惠民：《论中国古代法中"重农抑商"传统的成因》，中国人民大学学报，1996年第5期

"乐观时变",要求"设智巧,仰机利","以财力相君长"、僭乱礼制。总之,在小农经济下,商人和商业是一种以"恶"的面目存在的经常的革命性因素。重农抑商在中国古代历史上始终坚持对这种革命性的因素进行阻止和扼杀,从而进一步维护了静态、封闭的小农社会的长期存在,也就为小农社会中伦理道德传统的传承与发展奠定了坚实的社会基础和有利的制度保障。

三、农耕社会士大夫维护和推动传统道德的具体传承

在我国古代社会,士商农工四种起初只是职业的区别划分,乃并举之义,并没有高低贵贱、先后尊卑之分。自从汉代推行"重农抑商"的政策以后,士农工商的排列顺序才逐渐有了身份上的高低贵贱之分,而士被列于四民之首,与古代中国农耕经济社会基础上道德价值观的追求有着密切关系。

士大夫是古代中国所特有的一个社会阶层,是儒家道德文化与国家政权有机结合的历史产物。"士大夫"是士和大夫两个词的合称。早在西周时期,士、大夫均是指贵族,但是,后来读书人都泛称为"士",而官员则泛称为"大夫",因此,"士大夫"即有学者加官员的双重身份。在漫长的中国古代社会中,士大夫大多家境殷实,接受过系统的儒家思想文化教育,而且学而优则仕,所以,他们既是社会上的文化精英,又是政治精英和经济精英,是中国古代社会典型的"治人"之"劳心者"。历史学家吴晗曾说:"官僚、士大夫、绅士、知识分子,这四者实在是一个东西,"[①] 始终坚守儒家道德文化理念的士大夫们,在两千多年的历史发展中,对于强烈的社会责任感、自强不息的人生哲学、治国平天下的理想境界和忧国忧民、忍辱负重、不计得失、为民请

---

① 吴晗、费孝通等:《皇权与绅权》,天津:天津人民出版社,1988年版,第66页

命的品格等这些传统道德理念的追求代代相传、生生不息，为中华民族传统道德的教化和传承建立了不朽的功勋。

（一）士大夫自觉承道载道的责任感和使命感

"士志于道，而耻恶衣恶食者，未足与议也。"孔子所最先倡导的这种"士志于道"的理念已规定了"士"的基本任务就是维护形而上的道德价值。孔子的弟子曾参更强调："士不可以不弘毅，任重而道远。仁以为己任，不亦重乎？死而后已，不亦远乎？"孟子进一步发展为："天下有道，以道殉身；天下无道，以身殉道。"西汉陆贾认为："夫君子直道而行，知必屈辱而不避也。故行不敢苟合，言不为苟容，虽无功于世，而名足称也；虽言不用于国家，而举措之言可法也。故殊于世俗，则身孤于士众。"这就是由传统儒家学者所创立并倡导的"士志于道"的直道而行、义无反顾的士大夫精神。正是在这种神圣的道德责任感和使命感的促使下，传统士大夫们大都能自觉地弘扬和传承"道"统，身体力行地维护、传承以儒家伦理道德为基础的传统社会秩序。余英时先生深入研究后认为，中国古代知识分子是以无形之"道"作为精神支柱的。

秦汉以后，在数千年的历史长河中，士大夫们在精神领域所坚守的"道统"和统治者在实践中所实施的"治统"很多时候并不一致。尤其是秦汉以后，随着中央集权体制的确立，皇权、君权的权威不容侵犯、地位至高无上；而且，西汉以后"独尊儒术"的政策实施使得大批儒家知识分子因学入仕，部分知识分子在权力的淫威之下开始丧失了独立人格，在某种程度上"道"也就必然为权势所扭曲了。但是，从整体的历史发展来看，在儒家知识分子的群体中"士志于道"的精神传统并未中断，而且代代相承。刘建军教授研究认为："尽管在汉武帝之后，国家权力将知识转化为一种政治资源，选举制度特别是科举制更是在制度上强化了权力对知识的收购能力，但是'士志于道''君子谋道不谋食'的传统却潜藏着滋生鄙视政治的因子。"①

这种从未中断的士大夫精神一方面体现为"从道不从君"的理念选择。即在"道"与"君"相冲突时"从道不从君"的理念选择。传统儒家知识分子认为道统和治统应该是有机统一的：没有治统，士大夫的理想就无法变为现实，道就只是士大夫的观念或者存在于书本里的空想；没有道统，天下就会出现君不君、臣不臣、父不父、子不子的混乱局面。在两者相冲突时，荀子在战国时期就做出"从道不从君"的选择。而且，越是在"天下无道"的乱世，也越显示出"士志于道"的精神力量。如在东汉末年发生的士大夫群体和宦官、外戚势力的政治斗争中，党锢领袖李膺，历史记载其"高自标持，欲以天下风教是非为己任"。

自觉承道载道的士大夫精神另一方面体现在犯颜进谏的勇气和胆识方面。传统的士大夫从心底认同犯颜进谏是他们的"天职"所在，越是帝王"无道"的时候，越应当"明道救世"，尽管因此可能会招来个人的厄运。正基于此，面对"无道"之君，他们不仅勇于谏诤，而且以此为荣，甚至不惜付出生命的代价。②汉代忠谏之臣甚多。唐代韩愈曾因多次谏言触怒宪宗，几乎招来杀身之祸，但始终不悔。宋代范仲淹三次因谏议而遭贬，但他"进退皆忧""先忧后乐"的精神意志，在当时就成为文人士大夫的楷模，从而改变了五代以来士风颓败的局面。朱熹曾极力称赞范仲淹有"大厉名节，振作士气"（《朱子语类》卷129）之功。

"士志于道"的优良传统是中国传统知识分子的精魂，即使到了清末，士大夫阶层已发生明显分化，仍出现不少"自任以天下之重"的

---

① 刘建军：《中国现代政治的成长》，天津：天津人民出版社，2003年版，第125页
② 姚剑文：博士学位论文《政权、文化与社会精英——中国传统道德维系机制及其解体与当代启示》，第73页

仁人志士。当时一些走出国门，经历了欧风美雨的洗礼，接受了西方现代思想的知识精英，如章太炎、康有为、严复、梁启超、鲁迅等，已经实现了从古代传统士大夫到现代公共知识分子的转型，但是这些人都有幼时接受传统儒学教育的背景，有着浓厚的传统儒学知识储备，因此，他们对传统道德激烈的批判针对的主要是维护封建礼教的三纲，而他们自身仍然传承了古代士大夫对道德价值的重视与对道义道统的担当。①

（二）士大夫自身修德养性的道德楷模作用

修己安人、教化风俗是儒家传统文化的核心内容之一，士大夫的具体德行则是整个社会道德教育的基础。② 孔子由"修己"延伸至"安人""安百姓"，就是将士大夫修身的最终目标定位为建立"天下有道"的社会秩序。孟子"穷则独善其身，达则兼善天下"（《尽心上》）是修身与守道的有机结合，对"达"为官和"穷"为民之士都提出了基本的道德要求。因此，传统儒家普遍认为，士之为士的起码标准就是修身，后来的儒家经典将修身之说进一步发展，修身、齐家，然后才能达成治国、平天下的政治理想，对先秦儒家主张的修身学说进行了更为系统的概括总结。因此，深受儒家传统文化影响的中国古代士大夫普遍都怀有"修己者必能救民，救民者必本于修己"的信念。西汉以后，儒家的传统思想被政治化，在权力的诱惑下，中国历史上也确实出现过一批批的"伪君子""假道学"，但是，传统儒家道德文化的广泛影响和世代传承也在一定程度上抑制了这一趋向。"修身养德"对于他们来说不仅是其政治理想得以实现的基础，而且是其人生价值能否实现的前提。中国古代历史上曾涌现出大批忠孝节义、礼义廉耻德行操守突出的道德模范人物，用自己的言行具体传承了中华民族的优秀传统道德。

---

① 俞祖华：《清末新型知识群体：从传统士大夫到现代知识分子的转型》，人文杂志，2012年第5期

② 余英时：《士与中国文化》，上海：上海人民出版社，2003版，第110页

"孝"是传统道德体系中最有中国特色、最基础的德行要求,"士有百行","孝"为其首。汉时以孝治天下,通过举孝廉选拔官员,孝行的好坏是当时能否得官获禄的标准。统治者的大力提倡,儒家道德规范的要求,加官晋爵的需要,使孝道在士人品行中的位置逐渐突出,①士大夫阶层中,孝行卓越者历朝历代都数不胜数。东汉时的江革因非常孝敬母亲而被后人誉为"江巨孝",其在当时就被一再厚待,还有人以其名为其立传。其后,孝道在中国传统社会中传承经久不衰,及至清末,恪守孝道仍然是传统知识分子首要的品格。

清廉方面。东汉时的杨震"性公廉,不受私谒,子孙常蔬食步行"。杨震赴东莱任太守,途经昌邑,昌邑县令王密,"至夜怀金十斤以遗震",并认为"暮夜无知者",震曰:"天知,神知,我知,子知。何谓无知!"(《后汉书》卷五十四,《杨震列传》)三国时的蜀相诸葛亮,为蜀国的大业立下了汗马功劳,但至死都是"不使内有余帛,外有赢财",清廉至极。宋代名臣包拯,不仅自己清廉自律,还在其家训中留下遗言:"后世子孙仕宦有犯赃滥者,不得放归本家;亡殁之后,不得葬于大茔之中。不从吾志,非吾子孙。"明朝著名的清官海瑞"廉以律己,公以处事",死时家徒四壁,都没钱安葬。

(三)历代循吏亦官亦师的道德教化作用

司马迁在《史记·循吏列传》中认为"循吏"乃"奉法(职)循理之吏",也就是说"循吏"为政,能遵循法理、恪奉本职。循吏大都是入仕的知识分子,他们为官一任,教化一方,把"达则兼善天下"的社会责任感转化为仁政德治、道德教化的实际措施。余英时先生指出:"循吏的最大特色则在他同时又扮演了大传统的'师'(teacher)的角色",代表了"以教化为主的文化秩序",他沟通了儒教"大传统"

---

① 张保同:《儒家的修身学说与汉代士大夫的轨德立化》,《南都学刊》,2006年第5期

和民间"小传统"。① 传统儒家文化熏陶、培育出来的循吏都坚信"教"比"政"更为重要，所以能自觉地在自己的从政实践之中始终贯穿道德教化之责，使道德文化的传播具有了官方色彩，而无处不在。

以德化民，自律守节。也就是用自己日常的具体言行亲自感化、教育民众。身教重于言传，循吏们以身作则才能熏陶出守礼知节的民众，最终达到道德教化的目的。西汉循吏黄霸，儒法兼通。任颍川太守时，能"力行教化而后诛罚"，效果明显。《后汉书·循吏许荆列传》专门记载了许荆不辱太守教化之责的事例。历朝历代的史书中对循吏身体力行、以德化民的记载都有很多，他们是在用自己的行动维护着传统道德的传承与延续，而且世代相传。

以礼决狱，息讼贵和。也就是以道德礼义的内容作为调解纠纷、处理争讼的基本原则，由此在民众中推行礼义教化，使民众能够明礼守法、和谐相处。儒家传统一直主张无讼、息讼。从先秦儒家"为国以礼"的礼治思想到汉代"罢黜百家，独尊儒术"从而实施"春秋决狱"，再从魏晋南北朝"以礼入律"到宋、元、明、清诸朝沿袭"一准乎礼"的《唐律》，循吏们作为礼法制度的推行者、实践者大多主张调处息讼、以礼断案。宋代曾记载一人与家人争讼财产的判例："人生天地之间，所以异于禽兽者，谓其知有礼义也。所谓礼义者，只是孝于父母，友于兄弟而已，若于父母则不孝，于兄弟则不友，是亦禽兽而已矣。"整篇判词没提一个律字，全篇皆礼。② 中国传统法律文化追求的最高境界是秩序的"和谐"，梁治平先生曾说："研究中国古代法的西方学者认为，对礼的使用，其目的在于追求最终的和谐，包括人与自然的和谐、人与社会的和谐。"③这种和谐之道，通过历代循吏以礼决狱的

---

① 余英时：《士与中国文化》，上海：上海人民出版社，2003年版，第184页
② 王志玲：《论论中国古代循吏的行政特点》，《中州学刊》，2011年第4期
③ 梁治平：《情理·道德·自然法》，《读书》，1986年第5期

实践深植于中国传统的司法领域。

兴教办学、移风易俗。在中国传统文化的氛围中，历朝历代的循吏们都明确地意识到，要实现对民众的道德教化、移风易俗莫过于兴学校、创书院、礼儒士、诵诗书这些手段。因此，循吏们改善社会风气的主要政绩之一就是兴文教。如《汉书·循吏文翁传》说："文翁……至今巴蜀好文雅，文翁之化也。"孔子创办私学，打破了西周以前学在官府的格局，而文翁则让官府的学校招收广大平民，具有开拓性的历史意义。由此也开辟了正史规范记载循吏大兴文教的良好风气。

《隋书·循吏列传·序》："古之善牧人者，养之以仁，使之以义，教之以礼。"循吏都具有浓厚的传统儒学背景，他们在具体的政治活动中将这种理念转化为仁政德治的治国要义，进而促成了符合儒家道德教义的风俗实现。从历代循吏亦官亦师的特点可知，循吏是中国古代历史上非常重要的传道者，在传承传统道德文化方面成就非凡，起到了星火燎原的作用，也是士大夫群体传承道德传统的重要体现。

（四）乡绅对乡村传统道德的维护与传承

乡绅是中国传统乡村社会中的一个特殊阶层。他们大都拥有一定的物质财富，且具有功名科第，学识渊博、品德高尚，在乡里富有很高的声望。在中国古代社会的发展进程中，乡绅这一文化传统历史久长，秦汉时的乡三老就是乡治层面的最高人物。宋明以后，在广袤乡村中乡绅已经逐渐成为一个非常重要而特殊的社会阶层。在由官吏、乡绅和乡民三个社会阶层组成的传统基层社会中，作为儒家传统文化的忠实信徒，乡绅被视为"在野之官"而享有一定非正式的权力，他们担负着"道在师儒"的使命，为民师表，移风易俗，进而表现出独特的道德教化功能。"士绅一般充当了社区的知识领袖，博学从来被认为是这个阶级的主要任务和明显的标志①。"因此,乡绅当之无愧地承担起古代中国乡村中社会规范的制定、解释以及文字的传播,浓厚的儒家文化修养使他们当然地成为对乡村民众进行道德教化的领导者。创办义学、私人书院和私塾等是乡绅对乡民进行道德教化和道德传播的一种方式,他们大都会亲力亲为参与其中,进行传道、授业、解惑,在教学过程中积极宣扬儒家传统文化,解释儒家伦理道德,护卫纲常伦纪,这对于教化地方民众、传承道德传统起到了至关重要的作用。

调解纠纷、维护秩序。费孝通先生认为,礼是传统社会公认合适的行为规范,经常被人谈到的中国古代社会的德治,也可以说就是礼治。在社会治理的方式中,礼治与法治、或者说德治与法治的区别就在于维持规范实施的依靠力量不同,法律是靠国家的强制权力来维持实施的,而礼这种规范是依靠传统、习俗等来维持的,是要使人从长期的教化中逐渐养成对传统规则的敬畏之感。在特别重视传统的乡土社会中,传统礼治、道德秩序的维护者主要就是乡绅。费孝通先生记述他曾在乡下被邀请参加纠纷的调解,因为村民认为他是在学校教书的,读书知礼,是权威。聚众调解时,差不多每次都是由一位很会说话的乡绅开口,并以该乡绅对纠纷中的所有当事人进行一番道德评判而结束。

宣讲教化、表彰德行。秦以后设置的三老乡官的主要职责之一就是教化民众。其后,各个朝代宣讲教化的重任都落在了乡绅们头上。以明、清为例。明太祖朱元璋颁布有"圣谕六条",曰:"孝顺父母,恭敬长辈,和睦乡里,教训子孙,各安生理,无作非为。"清初,康熙九年(1670)颁布了《上谕十六条》,用以教化士民。其后,雍正帝又为阐释《圣谕广训》,颁行天下,作为教化臣民的权威读本。宣讲这些圣谕的教化是明清时期乡绅承担的重要职责。周晓虹在考察昆山周庄和乐

---

① 周荣德:《中国社会的阶层与流动:一个社区士绅身份的研究》,上海:学林出版社,2000年版,第118页

清虹桥两镇绅士的历史后认为,"从较高的层次来说,传统文化的宣扬也有赖士绅阶级的身体力行"。"传统的儒家文化和行为礼俗在农耕社会的运转及其有效性确实是与士绅的存在分不开的"①。

总之,中国古代数千年不曾改变的农耕社会经济形态本身天然具有极强的稳定性与传承性,这直接奠定了中国古代传统道德传承的坚实基础。而古代农耕社会中所培育出的独特的士大夫阶层"铁肩担道义",从官府到民间,从城镇到乡村,为传统道德的传承与发展提供了广泛全面且深入细致的保障,影响巨大。

第二节　封建国家维护统治是中华民族传统道德古代传承的根本因素

历史清晰地表明,一个国家、一个民族延绵不绝的根基都是源自具有一种核心、统一的主导价值观的维系。秦汉时期完成了中华民族的大统一,建立起了统一的封建大帝国,这种社会历史的发展状态客观地要求国家建设与治理必须要有统一的道德价值观念的指导。

一、皇权维护需要相应的道德价值观念支撑

社会存在决定社会意识。"每一时代的社会经济结构形成现实基础,每一历史时期由法的设施和政治设施以及宗教的、哲学的和其他的观念形式所构成的全部上层建筑,归根到底都应由这个基础来说明。"②史学界公认,中国古代从春秋时期既已开始的社会大转型,到战国中后

---

① 周晓虹:《传统与变迁:江浙农民的社会心理及其近代以来的嬗变》,北京:生活·读书·新知三联书店,1998年版,第65-66页
② 《马克思恩格斯选集》第3卷,北京:人民出版社,1995年版,第66页

期已接近完成,结束诸侯混战、建立统一的、中央集权制的大帝国已是势在必行。因此,秦汉的大统一是历史发展的必然结果。统一的中央集权制的国家治理中,需要统一的指导思想和统一的价值理念来支撑对于皇权的维护。秦王朝择取的法家思想,在扫荡六国、一统天下时获得了巨大成功。但是严酷的法家思想在巩固政权、统治人民、治理国家中却遭遇失败。随后的汉朝统治者从中吸取教训,开始重新认识德与法的关系,肯定了道德教化对于巩固政权、统治人民的重要作用,开始独尊儒术,使中华大帝国自此有了以儒学为正统的国家意识形态和恒定的核心价值观念。

建汉之初,汉高祖刘邦就开始认真总结"秦二世而亡"的历史教训,并希望大思想家陆贾"试为我著秦所以失天下,吾所以得之者何,及古成败之国"(《史记·郦生陆贾列传》)。后来陆贾著《新语》一书,指出:"秦非不欲为治,然失之者,乃举措暴众而用刑太极故也。"(《新语·无为》)据此,他提出了"文武并用,长久之术"(《史记·郦生陆贾列传》)的策略。也就是说,夺取政权之后的国家治理不能单靠刑罚暴力之"武",还必须依靠"行仁义"之文。"仁者以治亲,义者以利尊。万世不乱,仁义之所治也。"(《新语·道基》)。汉文帝时的另一思想家贾谊在其著名的《过秦论》中也指出秦亡的主要原因是:"仁义不施,而攻守之势异也。"完成于汉初的儒家典籍《礼记》也论及德与法的关系,认为"刑罚积而民怨背,礼义积而民和亲";"以礼义之无用而废之必有乱患"。秦只重刑罚而不用礼义,才致使"祸几及身,子孙诛绝"(《大戴礼记·礼察》)。"礼者禁将然之前,法者禁于已然之后。"两者相比较,道德教化不论是对个体的人,还是对整体的社会,都是一种防患于未然的教育和引导,是一种能抵达人内心深处的引导,因此,道德教化对于治民的重要作用是显而易见的。

陆贾、贾谊等汉初的思想家对秦王朝二世而亡的教训总结,充分体现了新兴地主阶级对自身统治经验的深刻反思,表明汉初的封建统治者已经从秦二世而亡的历史教训中认识到先秦传统儒家思想对于治国牧民、维护皇权的特殊价值。但是，他们并未完全抛弃法家的法治思想，而只是对法治学说中的"不务德而务法"的片面性加以否定，并未对刑与法的功能作用做简单的否定。同时，他们提倡道德教化，强调"治以道德为上"时也并未简单地照搬孔孟的德治理论，而是扬弃了其理想主义成分之后形成了"文武并用""霸王道杂之"（《汉书元帝纪》）的治国之策，成为汉朝以后中国两千多年的历史中封建统治者一直沿用未变的治国策略。

　　但是，儒学作为国家官方价值观念的独尊地位也不是一蹴而就的，而是国家发展过程中的一个历史选择。汉初长期的与民休息之后，汉武帝即位时，历经文景之治，西汉社会经济已得到很大的恢复和发展。但汉初无为而治的指导思想在使社会经济得到恢复和发展的同时，也在政治引起了一些问题。首先，是中央权力削弱，各诸侯王拥兵自重、割据一方，甚至出现了政治上的叛乱。其次，是思想文化上的混乱，统一的国家里指导思想不统一，皇权尊严得不到维护。再次，在经济上地主豪强对农民阶级剥削的加剧，致使小规模的农民起义时有发生。还有，西汉初年西北边境匈奴活动猖獗，对汉朝统治构成严重的威胁。至汉武帝时西汉经济富足，国力强盛，对匈奴由消极防御开始变为主动进攻。种种现实都要求加强中央集权统治，无为而治急需转变为有为政治，才能真正实现"大一统"的政治局面。正是在这种新的历史条件下，统治思想和治国方略的改变成为必然。元光元年（前134年）武帝召集各地贤良方正之士到长安，亲自策问，董仲舒提出春秋大一统是"天地之常经，古今之通谊"，现在师异道，人异论，使统治思想不一致，法制数变，百家无所适从。因而他建议："诸不在六艺之科孔子之术者，皆绝其道，勿使并进。"（《汉书·董仲舒传》）这种"罢黜百家，独尊儒术"的建议很快得到了汉武帝的支持。因为，经过董仲舒改造论证后的先秦儒家的大一统思想、仁义思想及君臣伦理观念等，恰恰适应了汉朝当时所面临的形势和任务的需要。此后，封建统治者公开打着儒家的旗号，实行儒法糅合、王霸杂用的治国之策。儒学随被尊奉为封建统治思想的正统而定于一尊。① 由此，在汉代以降的两千多年的中国古代社会中一直至尊无上。

二、国家发展需要相应的道德价值观念引导

任何国家的稳定发展都是组成这个国家的主体民众积极进取、共同努力的结果。儒家传统思想的基本倾向之一就是积极入世，儒家学说的精髓所在也是引导人们经邦治国，建功立业，为国家社稷做贡献。儒家这种积极入世的价值取向正是国家、社会发展所必需的人人参与、不断进取的理念支撑，从其学派的创始人孔子时代即已确立。

春秋后期，在生产力发展的影响下，一方面，社会等级关系正在发生巨大变化，主要是原来的贵族与庶民的不同身份有了部分交错，另一方面，周天子权威不在，诸侯竞相争霸，此期社会涌现了大量思想流派，出现了"百花齐放、百家争鸣"的局面。早期的儒家学派创始人孔子主张积极入世、参与国家与社会治理。此后，儒家学派的整体发展也都是朝着这个路向前进的。曾子主张"士不可以不弘毅，任重而道远"则成为整个儒家学派的共识。后来，孟子主张"仁政"，关注民本与教化，荀子"礼乐之统，管乎人心"的礼乐思想及"礼法合治"，都充分体现了治国安邦的政治目的。因此说，传统儒家思想主要是阐释了一种如何协调社会关系以使之和谐有序的政治主张，其目的乃是为了维护统治者的等级统治秩序，维护社会秩序的稳定，这是完全适应古代中国国家发展、社会治理的历史需要的价值观念。

在儒家思想的发展过程中，"大道之行，天下为公"的担当意识一

---

① 朱贻庭：《中国传统伦理思想史》，上海：华东师范大学出版社，2009年版，第159页

直是历代士大夫们自觉的天职或本分。因此，他们大都是怀着救世之心而直面社会、直击现实。儒家的官方正统地位使得世人"学而优则仕"，这在很大程度上也是鼓励人民通过学习而参与到国家政治生活中，为国家社稷的建设发展做贡献。儒家思想即使在先秦时期尚未得到统治者的认同，士大夫也并非都能为政为官，这一思想却也依然充分表达着对社会人生的深切关怀。孔子"知其不可为而为之"，孟子更是直言"如欲平天下，当今之世，舍我其谁也?"（《孟子·公孙丑》），毫无避世退却之心。后来历朝历代的官吏、士大夫中，都涌现出了无数即使不受朝廷重用，甚至被排挤、流放乃至献出生命，却依然以天下为己任、忧国忧民，希望以己之力救邦国于危难、拯生民于涂炭，躬身践行于艰难之世的仁人志士。从诸葛亮的"鞠躬尽瘁，死而后已"，到范仲淹的"先天下之忧而忧，后天下之乐而乐"，到文天祥的"人生自古谁无死，留取丹心照汗青"，再到林则徐的"苟利国家生死以，岂因祸福避趋之"，忧国忧民的强烈的社会责任感和爱国情怀都淋漓尽致地体现在其一言一行中。

综上可知，传统儒家的思维主要关乎社会人伦、主张积极入世践行。以个体自己的修身为起点和圆心，德行逐步被外推到齐家，最后落脚于治国、平天下。这种思想，以个人道德实践为基础，以实行德治为核心，从小到大，由近及远，易于为广大人民群众所接受，易于在社会实践中推广实施。① 因此，这种积极"入世"的道德价值观适应了封建社会中前期社会发展的需要，对于稳定封建社会秩序，加强中央集权制统治起都到了积极作用。

---

① 姚伟钧:《儒家"入世"精神的形成及其现代意义》，《湖北行政学院学报》，2003年第4期

三、秩序维护需要相应的道德价值观念教化

古代中国基本是以道德立国,著名学者王国维曾精辟阐释道:"古之所谓国家者,非徒政治之枢机,亦道德之枢机也。"(《殷周制度论》)自汉朝以后,推崇道德教化的儒家思想因为符合大一统的国家维护封建等级制度的需要,而成为官方钦定的国家、社会建设的指导思想。因此,历朝历代的统治者都非常关注道德建设,极力推行道德教化,为道德观念的全民普及、道德风尚的社会塑造而采取了很多行之有效的具体措施,使道德教化在古代中国成为一个长盛不衰的主流话题。

(一)统治者高度重视宣明教化

汉朝尽管是从武帝时期才开始独尊儒术,但是汉初的统治者从秦亡的历史教训中走来,奉行黄老之学的同时亦高度关注道德建设、推行道德教化。对此,汉初思想家贾谊曾论述道:"夫立君臣,尊上下,使父子有礼,六亲有纪,此非天之所为,人之所设也。夫人之所设,不为不立,不植则僵,不修则坏。"(《治安策》,《汉书》卷四十八,《贾谊传》)也就是说,良好的道德要靠人为。因此,东汉最高统治者为了提高儒家伦理思想的地位,使道德教化能取得更好的效果,在学儒、用儒方面一直躬身亲为。汉和帝时,"自左右近臣,皆诵《诗》《书》,德教在宽,仁恕并洽,是以黎元宁康,方国协和"。这正是东汉统治者尊孔崇儒的鲜明效果。上行则下效,东汉统治者的示范效应带动了全社会的伦理道德教育。

魏晋南北朝时期是中国历史上朝代更迭频繁、政局最为动荡的时期,统治者大力提倡"以孝治天下",并采取了一系列的措施手段,在社会中营造了崇尚孝道的浓厚道德氛围。其典型体现就是皇帝高度重视对《孝经》的宣讲与注释。史载晋穆帝与晋孝武帝都曾亲自讲论《孝经》,晋元帝、晋孝武帝、梁武帝还先后为孝经作注。隋唐时期,尽管

儒学思想受到来自佛学与道教的联合冲击，但是其正统地位并没有改变。诚如欧阳修所说："若乃举天下一之于仁义，莫若儒。"（《新唐书》卷一百九十八，《儒学上》）因此，隋文帝统一中国后，面对当时人伦纲常严重破坏的情况，认为："百王衰蔽之后，兆庶浇浮之日，圣人遗训，扫地俱尽，制礼作乐，今也其时。"（《隋书》卷二，《高祖纪下》）唐朝统治者对儒学的支持力度比隋朝更大："高祖始受命，……天下略定，即召有司立周公、孔子庙于国学，四时祠。……（太宗）召名儒十八人为学士，与议天下事。"（《新唐书》卷一百九十八，《儒学上》）。不仅如此，至贞观六年（632年），唐太宗更是以孔子为先圣，颜氏为先师，招收天下名儒以为学官。

为改变残唐五代纲常尽失的历史乱局，宋朝最高统治者在开国之初即开始了恢复传统秩序、重树三纲权威的拨乱反正的基础建设。宋元明清及辽金各朝统治者在治理国家、安定社会方面基本都采纳了通过推崇、弘扬儒家学说来广兴道德教化的基本国策。宋太祖赵匡胤"黄袍加身"的当月，即巡视太学。后来，宋代科举考试特重儒学"经义"。元世祖忽必烈即位前就曾"命蒙古生十人"从儒家学者赵璧"受儒书"，又命赵译《大学衍义》为蒙古文（《元史》卷一百五十九，《赵璧传》），表现了他对儒学的向往。明初，为了"兴教化""正人心"，太祖朱元璋颁布《教民六谕》，为全国的教化活动提供了统一的纲领，即"孝顺父母，尊敬长上，和睦邻里，教训子弟，各安生理，勿作非为"。这使儒学（主要是程朱理学）在社会上更加普及，也为广兴教化提供了系统的理论依据和指导。清初，满汉民族矛盾严重，统治者在恢复社会秩序、广兴教化、加强传统道德建设方面更加努力。清世祖顺治皇帝刚入关即重申明太祖的《教民六谕》，作为向民众进行教化的纲领。清圣祖康熙皇帝在此基础上提出更加全面详尽的《圣谕十六条》。清世宗雍正皇帝又对"圣谕十六条"逐条详加解说，写成万言之多的《圣谕广训》颁发全国，并令各地方官选用专人，于每月朔望日定期向民众宣讲。该制度一直延续到辛亥革命。

（二）取仕以德为标准保证地方官员的道德教化能力

古代中国官吏亦官亦师的双重身份使得挑选官员这件事不单纯是政治性的问题，其社会性影响更大。而且，对民众的道德教化是考察官员的一个重要方面，因此，从乡举里选到科举取仕，对官员德行的考察都是始终未变的一个重要标准。

西周时期乡举里选即开始萌芽，始于秦、盛行于汉的三老之制就是专门负责乡村道德教化的人员设置。以道德为标准选拔一般官员的做法，从乡举里选至汉代正式确定为察举制。察举就是通过考察一个人的德行、才能，然后举荐为相应官员。这种考察的主要内容就是"孝廉"，汉代的很多名公巨卿大都是举孝廉出身。孝与廉都是儒家提倡的基本道德要求，举孝廉不仅是在表彰一个人的德行，也是在敦促官吏保持较好的德行操守，最终才能更好地完成地方教化的重要任务，劝导社会风气。尽管发展到后期逐渐出现察举不实，营私舞弊，甚至黑白颠倒的问题，但是，注重德行的察举制在很长时期内确实推进了社会风气的改善。重品行气节、讲仁义道德成为当时社会的一种风尚。

因为察举制的考核、考察无法很好地量化，长期实施就容易出现营私舞弊、任人唯亲的现象，因此，东汉后期，"举秀才，不知书。察孝廉，父别居。寒素清白浊如泥，高第良将怯如鸡"的弄虚作假现象时有出现。后经数百年曲折发展，察举制至隋唐时期最终演变为科举制度。从隋唐至清末，科举制度经历了1300多年的历史沿袭，对中国古代社会的各个方面均产生了深远的影响。"科场在唐代形成后，左右着士人的命运和文风时尚，官僚政治、士绅社会与儒家文化借以科场为中心得以维系和共生，科举制成为一项集文化、教育、政治、社会等多方面功能的基本制度。"[1] 按照国家规定而设置的"一切以程文为去留"

---

[1] 刘海峰等著：《中国科举史》，上海：东方出版中心，2004年版，第137页

的考试内容等，使科举制无形中具备了国家政权强制性推行道德教化的功能。例如，宋高宗明令："士大夫之学，一以孔孟为师。"明代的科考则"专取四子书及《易》《书》《诗》《春秋》《礼记》五经命题试士"。科举制这种"学而优则仕"的设置体制为儒家传统伦理道德思想的广泛传播与传承提供了一种制度性刺激手段，并在全社会营造了主要研读儒家经典的浓厚的读书氛围。中国古代社会长期盛行的这种读书氛围，对儒家伦理道德的传承与教化有着重要的推动作用。

（三）兴学以德为教学内容保证道德教化深入民间

任何一国家一民族，必有自己的一套教育，乃能使其民众忠于邦国，而亦能乐群相处，不相离散。中国民族绵延五千载，日以扩大繁昌，亦赖于此。① 中国古代的教育发展始于三代，夏"以射造士"，商"以乐造士"，西周则综合夏的武与商的文，将其升华至"以礼造士"。西周发达的官学已有《诗》《书》可考。《小戴礼·王制篇》记载："天子曰辟雍，诸侯曰泮宫"就是说当时的学校。东汉班固《白虎通·辟雍》："天子立辟雍何？所以行礼乐宣德化也。"可见，当时的学校就是以推行道德礼仪教化为主、作为国家政治的辅助机构而设置的。西周时期"学在官府"，"礼不下庶人"，是典型的贵族教育。经历了春秋战国时期私学的高度发展之后，随着秦汉大一统封建国家的建立，相对统一的古代官学再次发展起来，并延续两千多年直至清末。尽管历朝历代各级官学的办学形式、招收对象不尽相同，但是他们在维系与传承儒家为主体的传统道德的基本功能上却是一致的。

汉武帝在长安始建太学，是汉代的最高学府，又"令天下郡、国，皆立学校官"。在太学中正式任教的是"五经博士"，即通晓《诗》《书》《礼》《易》《春秋》这"五经"的人。要求他们除了业务上通晓

---

① 钱穆：《国史新论中国教育制度与教育思想》，北京：生活·读书·新知三联书店，2005年版，第205页

"五经"之外,还有德性方面合于淳厚、质朴、谦逊、节俭等品性端正的要求。① 历史记载,东汉的太学,最多时达三万人。两汉时大兴学校,一方面是为了培养、选拔人才,另一方面也是为了广兴教化,而且也确实在推行道德教化方面起到了基础性的作用。唐朝是我国历史上学校较为发达的时期,其中太学、国子学等学校的教学内容基本上就是以修身、齐家、治国、平天下的儒家伦理道德为主要内容。而其他如书学、算学、律学等专科学校,也要学习《孝经》《论语》《礼记》等儒家经典,以提高学生的道德修养。学校发展到了宋明时期就越来越普及了,并进一步规范化、制度化。因为充分认识到"化民成俗,必自庠序","一道德则修学校"的道理,宋朝从建立之初就非常重视学校建设,到北宋中期,"自京师至郡县""皆有学"。明太祖朱元璋未定天下,即在婺州开郡学。明朝建国的第二年,即诏天下郡县皆立学。这些官学所开设的课程、所学科目大都是经、史、子、集等传统内容,也可以说,各级学校的存在都明显是以传授儒家传统伦理为主要目的。

就道德教化而言,中国古代社会中另一种学校——书院的作用、功能更大,讲学布道、弘扬道德是书院的重要功能。比如,著名的白鹿洞书院,其学规中有如下明确的内容:父子有亲,君臣有义,夫妇有别,长幼有序,朋友有信。右五教之目,尧舜使契为司徒,教敷五教,即此是也。学者,学此而已。也就是说,书院教育学生的主要内容就是如何做人,如何遵守五伦道德秩序。而且对修身、处事、接物等也都有明确的规定:修身之要是"言忠信,行笃敬,惩忿窒欲,迁善改过";处事之要是"正其义不谋其利,明其道不计其功";接物之要是"己所不欲,勿施于人","行有不得,反求诸己"。书院在传授传统道德、推行

---

① 李承贵:《德性源流——中国传统道德转型研究》,南昌:江西教育出版社,2004年版,第274页

道德教化方面的作用之大，难以估计。①

元朝时期，为了真正把道德教化推向民间，以五十家为一社，每社设学校一所，农闲时令子弟入学，读《孝经》《论语》《孟子》《小学》和《大学》等书。明承元制，广兴社学，"延师教民间子弟"（《明史》卷六十九，《选举一》）。当时的社学虽也承担着扫除文盲、普及文化的任务，但更主要的还是为了"导民善俗"，以"成其德"。即使是那些带有识字课本性质的读物，所宣传的也主要是伦理道德。② 基层教育的重要性不在于思想理论的发展和创新，而在于基础知识教育受众面的扩大，社学、村塾等的发展使基层教育的普及范围扩大了，而且教育内容又都是以儒家思想为主，因此，在增强传统道德的社会影响与传承方面，这些社学、村塾无疑起到了极其重要的作用。

（四）治国以法辅德，保证道德的具体实施

德法关系是中国古代思想史上的一个重要议题，即在治理国家和社会的过程中，法律和道德哪个更具有根本意义。先秦时期，在该问题的讨论上形成了主张德治的儒家学派和主张法治的法家学派两个不同的派别。汉初的几代政治家和思想家鉴于对"尚刑而亡"的秦朝的批判，极力主张"治以道德为上"，积极倡导道德教化，从表面上看似乎又回到了孔孟的德治论，但事实并非简单的循环往复。汉代的思想家对秦的批判主要针对的是其专一任刑的暴政，并不是对法与刑的基本社会功能作简单、绝对的否定，而是在尚德的同时也强调了法与刑的支撑、保障作用。③《白虎通·论刑法科条》中指出："圣人治天下必有刑罚何？所

---

① 李承贵：《德性源流——中国传统道德转型研究》，南昌：江西教育出版社，2004年版，第273页

② 张锡勤、柴文化：《中国伦理道德变迁史稿》下，北京：人民出版社，2008年版，第32页

③ 张锡勤、柴文化：《中国伦理道德变迁史稿》上，北京：人民出版社，2008年版，第186页

以佐德助治，顺天之度也……五刑者，五常之鞭策也。"将五刑看作是五常的"鞭策"，充分说明了法与刑是推行道德教化的强有力的后盾，若离开法的保障，道德教化必将沦为空谈。也即"德须威而久立"（《汉书》卷二十三，《刑法志》）。汉宣帝将汉朝的治国之道总结为："汉家自由制度，本以霸王道杂之，奈何纯任德教，用周政乎？"（《汉书》卷九，《元帝纪》）这种从汉代开始实施的"霸王道杂之"的体制可以说贯穿了后来中国封建社会两千多年。从另一个角度也可以说在中国传统伦理道德思想史上，广义的法在道德的实施和维护方面曾产生过极为重要的作用。

其一，国家树立、表彰道德楷模，进行激励性道德教化。榜样的力量是无穷的。树立、表彰并奖励道德楷模，是在实践中给抽象主观的道德标准提供了一个具有人格魅力的现实道德载体，同时，也能引导和感化普通民众趋于向善的道德实践。历朝历代的封建统治者都通过各种方式大力树立、表彰符合儒家纲常的道德楷模，以达到"正人心，厚风俗"之目的。也即以国家强制力的形式鼓励和推行相关的道德教化。比如，为强调"百善孝为先"，文帝曾下诏赐"孝者帛，人五匹"，"悌者二匹"（《汉书》卷四《文帝纪》）。汉时不仅察举孝廉，甚至有个别人因德行高尚而被封侯。明朝洪武时代，荐举以"孝"为据，科举以"孝"为题，选吏以"孝"为准。所谓"朕闻古者选用孝廉，孝者忠厚恺弟，廉者洁心清修，如此者可以从政矣"（《国榷》卷八）。行孝可以获得加官晋爵的机会，对民众是有巨大的诱惑力的，孝、廉等德性自然就容易被民众接受、传承。因此，这一措施对社会道德建设曾起到了不可忽视的激励作用。还有"节妇""烈女"，都是统治者树立的恪守"从一而终"的妇德典范，作为推行"夫为妻纲"的人格模式。西汉宣帝曾下诏赐"贞妇顺女帛"（《汉书宣帝纪》）。东汉安帝对贞女节妇不仅奖励"节义谷"十斛，而且还表彰族门，以鼓励"贞节"之德的践行。到宋朝，贞节褒奖已经成为一种制度。除了这些物质上的表彰、奖励之外，精神上的表彰更显突出。国家对德行优良的人树碑立传以及免除差役，进行具体的物质和精神的表彰，对当事人是一种极大的肯定和鼓励，对他人则是一种典型性的号召、引导与激励。① 因此，这些做法在很大程度上是在引导人们认可、接受，并逐渐践行某些道德规范，增强了政策表彰在推动道德建设方面的巨大作用。

其二，给予道德典范法律上的宽宥，对失德行为严加法办。古代中国政府在对道德典范进行旌表、奖励的同时，甚至还给予道德典范以法律上的宽宥和保护。比如，为了维护孝道，汉代从法律上明确肯定父子相隐、亲亲相隐。《史记》中就记载了石奢纵父而不治罪的事情。按照这一法律精神，父亲即使犯有再严重的罪行，儿子也不可告发。为了倡导孝道，到后来甚至对孝子为报父母之仇而杀人等严重的违法犯罪行为也予以法律上的赦免与宽贷。宋朝初年，"殿前邸候李璘以父仇杀员僚陈友"后自首，宋太祖"义而释之"。宋仁宗、神宗年间，也都有报父仇而杀人者，皇帝均因"其情可矜"，从宽处置。② 明代也有很多为亲复仇而受到朝廷赦免事例的记载。中国古代的法律对行忠孝节义诸德之人是严加保护和鼓励的，但是，对不忠、不孝、不节者则是严惩不贷的。以孝道为例，由于孝被视为最高美德，不孝就被看成了最大的罪恶。《孝经五刑章》里说："五刑之属三千，而罪莫大于不孝。"汉代对不孝的处置非常严厉：凡殴父母，即可处死刑；至于弑父母，则更属大逆，本人腰斩，妻子弃市。③ 两晋时的《晋律》提出"准五服以制罪"的原则。《北齐律》则将"不孝"列在"重罪十条"之中，此外，还包括不敬、不义等其他也属于道德范畴的行为定罪。此后直到清代，"不孝"一直被视为十恶不赦的重罪，只是在不同的时代其具体规定不尽

---

① 李承贵：《德性源流——中国传统道德转型研究》，南昌：江西教育出版社，2004年版，第287页
② 张锡勤：《中国伦理道德变迁史稿》下卷，北京：人民出版社，2008年版，第59页
③ 张锡勤：《中国伦理道德变迁史稿》上卷，北京：人民出版社，2008年版，第206页

一致而已。因此,在中国传统社会中,法律对道德的辅助与保障尽管在很大的程度上是牺牲了民众的基本权利而维护了封建的纲常礼教,但是,以法辅德的各种具体做法确实也对道德的践行与传承发挥了重要的作用。

总之,中国古代传统道德的纲常礼教在促进价值观念统一、维护社会秩序稳定、维护皇权地位、推动社会发展等方面的基本功能适应了古代中国大一统的国家、社会治理的需要,因此,统治者对于推行道德教化是不遗余力的。古代中国从官吏的选拔到考核,从学校教育内容的设置到国家法律的制定与实施,整个国家体制中无不充满着道德的教化与推行,正是统治者通过国家政权的这些强制性的手段、制度性的设置,中国古代传统道德的代代传承才能顺理成章。

第三节 宗法家族观念是中华民族传统道德古代传承的内在因素

张岱年教授曾经指出,中国传统文化的形成有两个重要的基础:一是小农自然经济的生产方式;二是国家一体的宗法社会政治结构。在此基础上产生的必然是以伦理道德为核心的文化价值体系。农业社会注重经验、依赖自然、稳定少变,只有子守父业,传承经验,团结协作方能平安度日。这就使得单个的人必须依赖于一定的群体组织以提高生产和生活的能力,而由亲近的血缘关系组成的家庭、家族就天然地成为该种组织的首选。因此,在农耕社会中,家庭不仅是一个生活单位,更是一个生产单位,是文化传承、社会安定的重要基石,维护家庭的稳定和谐、兴旺发达就理所当然地成为最重要的伦理道德目标,从而进一步形成了宗法观念下以家庭为本位的传统文化。由此,以家族为内生点的传统道德，在家国一体的社会结构中、在宗法观念的强烈支撑下，才能在家族自发的维系和传承中生生不息。

一、宗法家族观念在封建社会的地位和影响

宗法制度起源于父系氏族社会对祖先的崇拜，历史源远流长，是指"以血缘关系为基础、以父系家长制为内核、以大宗小宗为准则、按尊卑长幼关系制定封建伦理体制"①。宗法制的社会基础是建立在小农经济基础之上的家长制家庭和夫权制婚姻制度。中国古代的宗法制度确立于夏朝，发展于商朝，完善于周朝。从夏至清前后4000多年延续不断的历史，根深蒂固地影响着包括传统伦理道德思想在内的整个中国古代社会，其观念之深厚在世界上绝无仅有。

（一）宗法家族观念内在决定了中国古代传统道德的产生与发展

马克思主义认为，人类在由原始社会进入文明社会的历史进程中，出现了以古代希腊为代表的"古典的古代"和以古代东方国家为代表的"亚细亚的古代"。中国古代奴隶制的形成就属于后者，也就是在没有摧毁原始氏族组织的情况下直接进入了奴隶制国家。由此就必然形成了"普天之下，莫非王土；率土之滨，莫非王臣"的生产资料（主要是土地）所有制的王有形式以及劳动力（奴隶）的血缘组团性质。②这种体制发端于禹传子启继承王位的夏代，由此开始，中国上古时代禅让的"官天下"变成了传子的"家天下"，中经王位继承"兄终弟及"或"以弟及为主而以子续辅之"的商代，至西周发展为典型的宗法等级制，是当时周天子用来"纲纪天下"的根本大法。因此说，西周奴隶主贵族的道德就是为维护和巩固这一制度而设置的，或者说，正是在宗法等级制的基础上才产生了西周的一套完善的宗法道德规范和伦理思

---

① 李文治：《中国封建社会土地关系与宗法宗族制》，《历史研究》，1989年第5期
② 朱贻庭：《中国传统伦理思想史》，上海：华东师范大学出版社，2009年版，第16页

想，并进而决定了当时人们的道德意识特点。

中国古代的宗法制度在西周时期发展成为最基本的社会政治制度。西周时期定型的宗法制度的核心是"立子立嫡之制"，天子位由周王的嫡长子继承，而周王的兄弟和其余诸子则受封为诸侯；诸侯君位也由嫡长子继承。王位和君位由此而世代相传，形成"君统"。同时，诸侯的庶子则另立"别子"系统，即卿大夫、士建立"宗统"。这种典型的宗法制度在西周具体体现为周天子至诸侯、卿大夫、士的垂直的金字塔形式。但是经过春秋战国的社会变革，秦汉时期，郡县制取代分封制，政权与宗法族权进一步分离，除了帝王之位仍由皇族血统确定之外，国家组成的各级权力机构已经不是通过与皇族的血缘关系进行任用或分封了。因此，在秦汉以后的封建制社会中宗法制开始逐步体现为以民间家族为单位的横向的网络形式。由此可见，以血缘为纽带的宗法制的存在，构成了中国古代社会人际关系的"天然"形式，维系宗法关系，自然也就成了稳定人际关系、巩固社会等级的重要途径。于是，"国"和"家"彼此沟通、合而为一，君权与父权互为表里，形成了几千年一贯的父家长制的宗法体制，直接决定了中国古代传统伦理道德思想的具体内容，道德价值观的基本取向和传承、完善。

(二) 宗法观念对中国传统道德文化的影响

宗法制度、宗法观念在中国古代延存了数千年，对中国传统道德文化各个方面都产生了极其深远的影响，其中有正面的一面，也有负面的一面，有利亦有弊。

其一，宗法观念对中国传统道德文化的正面影响。首先是形成了中华民族重视人伦、亲情的生活传统，孕育了中国传统道德文化最突出的特征，即讲孝道、重权威。其次是分封制使民族融合、文化传播加快，后期各诸侯国又各自为政造就了春秋战国时期思想文化领域"百花齐放，百家争鸣"的繁荣景象，被后人赞称为人类文明的轴心时代，其精华已构成中华优秀传统文化的重要组成部分，至今都有积极的时代价值。最后是由家庭本位的观念生发出社会利益至上的伦理精神，使中华民族的爱国主义情怀代代相传，增强了国家的凝聚力，对于中国传统社会、传统文化的延续和发展起到至关重要的作用。

其二，宗法观念对中国传统道德文化的负面影响。首先是"三纲"束缚人性、压抑个体自由和意志的道德说教，造成了中国人严重的顺从心理，迷信权威和权力，甚至盲目地崇拜。这一点正是从"五四"新文化运动开始就遭受彻底批判的"吃人的礼教"。其次是宗法观念关注的是血缘关系最近的族人，"非我族类，其心必异"的盲目排外心理，以及狭隘的小农意识造就了中国人易于满足的心态。最后是宗法观念中浓厚的"尊祖敬宗"的尊卑等级关系，造成了中国人因循守旧的价值取向。

总之，宗法制度、宗法观念对中国传统道德文化的影响是根深蒂固的，其作为一种无形的传统观念渗入在我们民族的骨血里，左右着中国古代传统伦理道德思想和道德规范的基本发展。

二、维护家族秩序需要传统道德观念的保障

家庭是社会构成的基本单位，尤其是在中国古代传统小农社会中，家族是个体生存最依赖的基础。从孟子的"天下之本在国，国之本在家，家之本在身"到《礼记》中的"立爱自亲始"，再到《大学》中的"修身、齐家、治国、平天下"，都是一脉相承的由己推人、由近及远地认识世界、理解世界的方式。由此，家族就当然体现为一种扩大的个人权利，而国家则被定位成是一个扩大的家族。在这样的社会结构中，统治者对国家和社会的治理很大程度上是通过家庭来完成的。因此，维护家庭的稳定与和谐就成为古代中国最为重要的伦理目标和宗旨。其中贯穿中国封建社会始终的"父慈子孝、兄友弟恭、夫义妇顺"等家庭伦理道德规范，正切中了维护家族与社会秩序稳定和谐的核心需要。

(一) 父慈子孝是维系家庭延续团结的核心要素

中国古代传统社会中的家族观念尽管也经历了漫长历史发展过程中的演变，但是其核心道德理念并没太大变化，始终未断的纽带是血缘，从未动摇的中心是父子，代代相承的基本原则是孝道。中国传统道德认为维系家庭的核心在孝，"自天子至于庶人，孝无终始而患不及者，未之有也"。孝道价值观的本质就在于和谐。① 孝道观念在中国传统道德文化中具有特殊的地位和社会功能。孝是为人第一德，是诸德的基础，《孝经》称其为"德之本也，教之所由生也"。"百善孝为先"，孝是在爱惜自己的生命并能发展延续的基础上对父母、先祖的爱、养、畏、敬。传统孝道作为宗法等级制度的伦理精神基础，对于维系整个家庭的延续和团结具有关键作用。

(二) 夫义妇顺是维护家庭和谐有序的基础条件

夫妻是组成家庭的核心成员，和谐的家庭关系必然需要有和睦的夫妻关系来维护。中国传统文化一直非常重视夫妻道德，认为夫妻关系本于天地之德，将其列为"三纲"之一，就是因为它直接影响家庭的和谐、社会的安定和风教的淳朴。夫义妇顺是传统儒家主张的处理家庭中夫妻关系的基本原则。这首先要求夫妻和谐相处、相敬如宾，孔子描述的良好夫妻关系是"妻子好合，如鼓琴瑟"。即使是在男尊女卑的大社会环境下，强调夫妻间要相互尊重的传统思想也有不少。如《礼记·郊特牲》中说，夫对妇要"敬而亲之"。其次是夫妻要相互扶持、同甘共苦。传统文化认为"妇之于夫，终身攸托，甘苦同之，安危与共。故曰：得意一人，失意一人。舍父母兄弟而托终知于我，斯情亦可念也。事父母、奉祭祀、继后世，更其大者矣。有过失，宜含容，不宜辄怒；有不知，宜教导，不宜薄待"（清张履祥：《训子语》下，《杨园先

---

① 王永智：《中国传统道德价值观的核心理念》，《光明日报》，2015 - 5 - 23（7）

生全集》卷四十八)。这种理念时至今日仍不失为处理夫妻关系、和谐家庭关系的基本原则。

(三)兄友弟恭是协调家庭平等关系的基本规范

传统家庭以及更为扩大的家族中,兄弟关系也是一种不可忽视的关系。《弟子规》中说"兄道友,弟道恭。兄弟睦,孝在中",兄友弟恭既是对悌道的解读,也是对孝道的一种表达。孟子在阐述人的五伦关系时说:"父子有亲,君臣有义,夫妇有别,长幼有叙,朋友有信。"兄友弟恭、长幼有序就此成为处理传统家庭中兄弟关系的基本原则。兄友弟恭是指在家庭中哥哥应该友爱弟弟,弟弟应该敬爱哥哥。这是促成家庭和谐的重要一环。长幼有序是兄友弟恭关系的向外扩展,是指在乡土社会里,按家庭中的兄友弟恭的原则去处理人与人之间的关系,即年幼者应该敬重年长者,年长者应该帮助、扶持年幼者。此种秩序状态可以体现人与人之间关系的平等与亲和,是维护传统家族秩序的必然要求,也是建设和谐社会的必然需要。

三、乡村家族自觉宣扬道德教化

上面已经阐述过中国古代作为社会存在基础的自然经济高度分散是传统社会结构的一大特点,这就造成高度集中的国家权力与高度分散的乡村社会存在一定程度上的脱节。费孝通先生在论述乡土中国的权力结构时,提出"横暴权力""同意权力"和"教化权力"三个概念。"横暴权力"指从社会冲突的方面看,握有权力的统治者利用权力,以他们的意志去驱使被支配者行动的威吓性统治的权力;"同意权力"指从社会合作方面看,通过社会契约的方式使处于不同社会分工中的人们共同授予的权力;"教化权力",或者说"爸爸式权力"指社会继替中通过文化的传承和传统的限制所成就的一种社会支配权力。① 但是，中国传统乡土社会中的自给自足的小农经济基础，不具备横暴权力和同意权力发展的条件。因此，在乡土社会中通过乡村契约和教化进行社会的调节与治理，从而形成了教化性权力运行中"长老统治"的局面。在中国的传统社会中，家族长老通过制定家法族规、家教家训、创办私塾学堂等实施和运行的教化性权力，是传统道德代代传承的具体体现，最具实践性的生命活力。

（一）家法族规是保证传统道德家族传承的强制约束

家族制度、宗族组织作为中国传统社会的基层社会组织制度有着不可替代的伦理道德教化功能。家法族规是地方宗族组织协调族内关系、维护族内团结、培育族内风俗的工具或手段，内容丰富，涉及的范围非常广泛，可谓"家事、国事、天下事，事事关心"。家法族规的制订者几乎都是有着深厚儒学教育背景的知识分子、德高望重的士绅或族长，每一条具体的家法族规都表达了他们以儒学传统作为修身齐家的理想和对本族子弟以儒立身的期望，希望他们能够成为道德高尚的正人君子，进而由修身到齐家，振兴整个家族。② 尤其到了明清时期，官方倡导的程朱理学深入民间，三纲五常当然地成为家法族规的基本格调和宗族教化的标准内容。因此，可以说家法族规的核心内容就是伦理道德纲常，是中国古代礼治社会中"礼"的实践化和具体化。明清时期，家法族规发展迅速，对违反者的惩罚越来越重，直至可以处死家族成员。如明朝初年曹端的《家规辑要》明确规定对于淫乱妇女，要逼令自尽。清朝时湖南有族规规定，凡忤逆不孝、流入匪类的族人，"筑、溺两便"（《映雪堂孙氏续修族谱》，光绪二十七年本，卷首下，见《家法不略》）。而且，国家政权对民间修建家族祠堂和续写家谱是大力支持和

---

① 费孝通：《乡土中国生育制度》，北京：北京大学出版社，1998年版，第59－68页
② 刘静：博士学位论文《走向民间生活的明代儒学教化研究》，第51页

鼓励的。因此,"建祠和修谱的庶民化,不仅增强了一村镇乃至一州县内族众的聚合力,而且也增强了宗族权力之于族众伦理教化的统治权威"。①

家法族规一般都是通过以下几个方面的内容规定对族人进行全面的道德教化:祭祀祖先,慎终追远;规定名分,强化纲常;奖善惩恶,呵护道德。其基本追求就是用儒家传统道德规范来塑造家族成员的生活样式,是典型的宗法伦理道德的具体化。而国家所鼓励修建的祠堂不仅是宣讲家法族规之地,也是对违反族规者进行惩罚,对遵守、弘扬族规者进行表彰之地。祠堂家法族规与宗族权力相结合,从而构成了古代中国基层社会最有效、最完整的伦理道德实施体系。

(二)家教家训是推进传统道德家族传承的正向教导

"蒙以养正,圣功也。"(《易经蒙》)爱子,教之以义方,弗纳于邪(《左传·隐公三年》)。中国传统伦理思想一直都特别强调修身、齐家与治国、平天下的密切联系,"所谓治国必齐其家者,其家不可教,而能教人者无之。故君子不出家而成教于国"(《礼记大学》)。因此,端蒙养、重家教是中华民族源远流长的优良传统,通过家训对家人、子弟进行道德教育在我国已有三千多年的历史。从先秦周公的《诫伯禽书》,西汉太史令司马谈的《命子迁》,三国时蜀相诸葛亮的《诫子书》和《诫外甥书》,到南北朝思想家颜之推集传统家训之大成所著的《颜氏家训》,无不成为家教家训的典范之作。从唐太宗的《帝范》与《诫皇族》、欧阳修的《诲学说》与《与十二侄》,到朱熹的《家训》,再到明清时的《朱子家训》和《弟子规》等都是家训中的扛鼎之作。家教家训作为古代道德教化的一个重要途径,在传统道德的维护与传承中,有着不可替代的重要作用,其宣传传统礼教、传承传统道德以维护

---

① 吴毅:《村治变迁中的权威与秩序:20世纪川东村的表达》,北京:中国社会科学出版社,2002年版,第59页

社会秩序的功能,主要是通过以下几个方面来完成的。

其一,教子修身,造就德行良好的道德行为主体。中国古代的士人家庭都非常重视对子孙的教育,认为应该爱子有方、教子有道,"蒙以养正,圣功也",反对无条件的溺爱、宠爱孩子。"家训之祖"《颜氏家训》就提出:"当及婴稚,识人颜色,知人喜怒,便加教诲,使为则为,使止则止。"这样才有利于孩子的健康成才。传统家教家训教导子弟修身立德的核心内容即为仁、义、礼、智、信、忠、孝、节、勤等传统道德规范,严格要求子孙后代要时时反躬自省、真知力行。同时,传统家教家训还都鼓励子孙要树立远大志向,争取有所作为。一些官宦之家的家训更是都教诫家人、子孙要尽忠尽职,注重名声节操。从汉高祖刘邦的《手敕太子文》到清朝乾隆皇帝"以德遗后者昌,以奢遗后者亡"的家训,凡是在中国历史上建功立业的帝王,也都用家训要求后代要致力于"奉公勤政,报国恤民",实现"齐家治国平天下"的理想。

其二,治家处世,成就和谐稳定的社会道德秩序。家庭和睦有序是家族兴盛隆昌必不可少的条件,传统家教家训都强调和谐的处世之道对于"齐家""兴家"的重要性。这就首先要求家庭成员长幼有序。"有夫妇而后有父子,有父子而后有兄弟,一家之亲,此三而已矣"(《颜氏家训》),这是家庭兴旺、社会和谐的基础。其次,治家之道严谨勤俭。传统家训在谨慎治家方面积累了丰富的思想。如宋代《袁氏世范》的《治家》篇有72则,几乎涉及家务管理的各个方面。勤劳节俭是持家之道,就是教育子女要懂得生活的艰辛,反对奢侈浪费和挥霍无度。《颜氏家训》要求晚辈在生活上要"施而不奢,俭而不吝"。再次,处世之道谦恭和善。在任何社会中,一个家庭、家族要获得发展,都是不仅要处理好家庭内部的关系,而且要处理好家庭之外的关系。传统家教家训的制作者都在向家族子弟传授宽厚忍让、谨言慎行,善待乡邻、以和为贵的处世哲学、处世之道。

(三) 私塾义学是以传统道德启蒙幼童的重要手段

在上一节谈到的统治者维护统治的道德教化措施中，大兴学校的内容主要论述的是官学在维护与传承传统道德方面所起到的重要作用。但是，古代中国在小农经济高度分散的社会现实中，官学的普及率并不高，高度集权的国家若要实现"一道德，同风俗"的政治理想，民间士绅等私办的义学、私塾等根植于民间的学校在化民成俗方面的作用同样值得关注。

其一是义学。义学的形式最早始于北宋时期的名相范仲淹，当时是一种专为民间孤寒子弟所设立的免费学校。这种学校，大多数是由一些地方乡绅或隐退的官吏或家境比较富裕的个人和家族捐资兴办。民间人士兴办义学之事，古代国家政府是非常鼓励和支持的，这种义举一般都会得到政府的褒奖，如为办学之人立传立坊或立祠以作纪念，就是一种非常重要的精神奖励，还有的被直接编写进历史或地方志中，其目的就是表彰和鼓励兴办义学的义行，清末行乞办学的武训就是一例。被收入地方志本身就是世人对兴办义学这一义举的最高褒奖。[①] 义学大都教育、督促学生们好好做人做事。可见，义学的任务主要是培养训练学生合乎传统礼制的日常行为习惯，以及灌输儒家传统的基本道德观念。

其二是私塾。私塾是民间办学的另一种形式，有悠久的历史。一般认为孔子在曲阜开办的私学即是私塾。儒家思想自汉代被封建统治者定为一尊之后，以教授、传递儒家传统文化为己任的私塾从此稳定地存在于中国古代社会之中，虽历经各种战乱而绵延不绝。古代的私塾都是有钱有势的人为本家或本族子弟设立的学校，"卿大夫即家之门室，以礼聘贤者以教之"。至宋代，私塾发展很快，普通人家的子弟也可缴费后入私塾学习。"每一里巷，须一、二所。弦诵之声，往往相闻。"私塾所选用的教材都是中国古代通行的蒙养教本"三、百、千、千"，即

---

① 刘静：博士论文《走向民间生活的明代儒学教化研究》，第47页

《三字经》《百家姓》《千家诗》《千字文》,以及《女儿经》《教儿经》《童蒙须知》等,再往深,则读四书五经、《古文观止》等。虽然学习的孩子们还达不到对这些教材中的微言大义心领神会,但是幼小的心灵已经刻下了重德讲理的烙印。直到晚清,私塾对礼仪道德的宣传与灌输仍然存在。① 近代著名的思想家康有为、严复、梁启超、蔡元培、胡适、鲁迅等都在私塾中奠定下了深厚的国学思想。中国古代传统道德尽管存在明显的局限,但是仍然得到了长期的普遍的认同和遵循,并积淀在中国人的精神中,私塾的道德教化在其中起到了重要的作用。

总之,农耕社会中,家庭是最基本的生活及生产单位,更是最重要的基层社会组织,进而形成了以家庭为本位的传统文化,更产生了在中国人的头脑中根深蒂固的家族宗法观念。而正是衍生不断的宗法观念构成了传统道德传承不断的内在因素。因此,中国古代的传统伦理道德关系大都是以家庭为中心向外推延的,是以维护、传承相应的家庭伦理道德为前提的。民间家族在宗法观念支配下,宣扬道德教化便成为一种自发自觉的行为而深入到百姓生活的方面方面,促成了传统道德在民众实践生活中的代代相传。

综合以上三个方面的分析,可以清晰地看到,在农耕社会经济形态数千年未变的稳定的经济基础之上,持久牢固的宗法观念是传统道德传承延续的内在因素,封建国家为了维护统治全方位推行道德教化是中国古代传统道德传承不断的根本的制度保障性因素,也因此而使得中国古代社会民众生活道德、国家推行道德与社会教化道德高度一致,这也是中国古代传统道德得以稳定传承、延续的关键原因。

---

① 李承贵:《德性源流——中国传统道德转型研究》,南昌:江西教育出版社,2004年版,第271页

第四章

中华民族传统道德的近代际遇

从1840年第一次鸦片战争起,在西方列强坚船利炮的冲击下,古老的中国两千年未变的传统社会开始面临严重的危机,被迫进入社会转型的历史轨道。不论是在中国社会发展通史上,还是在中国伦理道德演变发展史上,近代百年均属于典型的转型期。近代以来并不算长的百余年内,中国社会经历了千年未有之大变局,传承两千余年的传统伦理道德体系在近代的中国必然遭遇前所未有的冲击。

第一节 中华民族传统道德的近代变革

近代以来,沦为半殖民地半封建社会的中国,已经无法抵制西方近代新的生产方式和道德价值观念的渗入,稳定了两千余年的传统社会结构开始面临前所未有的危机。而且,由于帝国主义侵略所造成的民族危机也日益深重,社会的危机必然引发传统伦理道德的危机。于是,救亡图存的历史责任使得一些先进的知识分子开始探索近代的转型变革。

一、鸦片战争时期萌发向西方学习的意识

19世纪中叶,随着鸦片战争的爆发,中国古代传统社会在延续了

两千多年后走到了命运的尽头。维护传统社会的传统伦理道德也就必然因为社会基础的变化而危机骤起,传统道德对社会的规范、调控作用已经明显削弱,社会上经世致用的改革思潮兴起,西学东渐。以龚自珍、魏源等为代表的早期启蒙主义思想家开始揭露和批判传统封建道德,尽管具体的独立的社会实践主体所进行的近代化过程尚未真正开始,但是,近代道德革命逐渐拉开序幕。

龚自珍作为具有觉醒意识的先行者,以他特有的智慧较早地感悟到社会转型的历史必然和传统伦理道德所面临的不可回避的历史性危机。龚自珍认为,君主权力的获取和自然界的变化一样,必然因素和偶然因素共存,而君权神授的理论就是在愚弄百姓。他还明确提出"自我"的概念,"众人之宰,非道非极,自名曰我"。尽管从哲学意义上分析,这是一个主观唯心主义的命题;但从伦理思想上分析,在高度集权的专制体制下提出此命题具有重要的近代启蒙性价值。因为在中国古代的传统哲学里是缺乏"自我"的。龚自珍却背道而驰,赞扬个体"自我"的能力,并主张要认可人的道德主体地位,倡导个性解放与人格独立,以人道代天道。这在一定程度上与近代资产阶级提倡的"自由、平等、博爱"的思想相契合。因此,梁启超认为龚自珍在无意识中担当了资产阶级改良思想的先驱,在当时首开思想新风。他说"晚清思想解放,自珍确与有功焉,光绪间所谓新学家者,大率从皆经过崇拜龚氏之一时期,初读《定庵文集》,若受电然","新思想之萌蘖,其因缘不得不远溯龚、魏"。①

魏源提倡经世致用、渴望社会改革。魏源认为,追求社会的改革与发展不仅需要具体的政治、经济的改革措施以富国强兵,而且更要从"本心入手",清除民众内心根深蒂固的积患,变革腐朽落后的社会道德风尚。因此,魏源认识到了伦理道德思想是为其现实的社会变革服务

---

① 梁启超:《中国近三百年学术史》,北京:东方出版社,1995版,第29页

的。站在事功论者的立场，魏源认为德、功、节、言四者应该是一个有机统一的整体，只有生活中将立德、立功、立言、立节有机结合，才能算是真正道德高尚之人。但是，在这四者统一的前提下，魏源最强调的还是功，因为王道仁政的目的就是追求富国强兵和国家民族的发展。《圣武记》和《海国图志》等书通过介绍世界知识，提出"师夷之长技以制夷"的时代口号，这是鸦片战争后，魏源的伦理道德思想中强烈的爱国主义感情的现实实践。尽管魏源仍视西方人为"夷狄"，但毕竟较早地设计出了通过学习西方先进的科学技术以抵御列强入侵的战略方针，在此之后，整个中国近代思想文化的发展基本就是沿着这一道路前行的。

二、洋务运动时期初步比较中西伦理道德

随着封建社会无可挽回地走向渐趋没落，统治阶级中逐渐出现一批有志于探索中国出路的人士，开始积极地谋求变革，救亡图存。于是，魏源所提出的"师夷之长技以制夷"的设计走到了社会实践中，一场通过向西方学习具体、先进的技艺以强大落后的中国，使之避免再遭列强凌辱，最终巩固既有的封建专制统治的洋务运动应运而生。

洋务运动所涉及的范围非常广泛，在这一过程中中国传统伦理道德思想被逐步动摇。洋务派反对传统的重农抑商，主张以商为本，与洋人争利，提倡重视物质利益的实践生产、反对轻视实际利益的理论空谈。但是，顽固派却以"立国之道尚礼义不尚权谋，根本之图在人心不在技艺"之类的陈旧论调攻击洋务派"捐弃礼义廉耻之大本大原"，"败坏人心"。为了减少与顽固派的正面争执，洋务派提出了"中体西用"的理论纲领，即坚持形而上的孔孟儒家之道为体，采纳形而下的西方科技之器为用，就是要以"西用"来捍卫"中体"。早期洋务派曾认为只需向西方学习制造"坚船利炮"的实用性技术就能达到富国强兵、挽救民族危机之目的。后来逐渐认识到只在科技、器物层面引进、学习西方是远远不够的，因为对技术、设备、财富等进行管理和使用，必须由现代先进人才去完成，进而才能达到救国强国的目的。尽管洋务运动最后以失败而告终，但是在他们提出的"中体西用"的理论模式下，西方近代先进的资本主义文化使得得以冲破顽固派的重重阻挠，开始插足于中国具有数千年顽固传统的封建思想领域，并且不可控制地对"中体""中学"形成巨大的冲击和影响，培养了一大批具有西学知识的新式人才，刺激了中国近代化进程。

三、戊戌变法时期尝试改造中国传统道德

"中日甲午战争以及八国联军的入侵，使民族危亡达到了前所未有的严重，同时也使最前卫的知识分子达到了具有现代意义的民族主义的觉醒：即必须以坚决的社会改革（维新或革命）为手段，建立一个现代民族国家，才能真正摆脱被侵略被瓜分的危险。"① 19世纪末，面对日益加深的民族危机，维新派思想家们开始了更深层的探索。

1898年的维新变法运动，虽然仅持续了一百零三天，但是它的历史影响和意义是深远的，维新派由此开启了批判进而推翻传统"三纲"的近代道德革命的历程。康有为清晰地指出，中国长期以来"男为女纲，妇受制于其夫"、子女"无自主之权，身为父母所有""君主威权无限""长尊于幼"等观念与制度，或是"与几何公理不合"，或是"大背公理"，均"无益人道"，必须予以否定、抛弃。② 至变法维新时期，思想家们对传统"三纲"的批判更加公开与激烈。谭嗣同认为，"三纲"既不是天理，也不是源于良知，而是古代君主为了"钳制天

---

① 高瑞泉：《中国近代社会思潮》，上海：华东师范大学出版社，1996年版
② 转引自张锡勤、柴文化：《中国伦理道德变迁史稿》下卷，北京：人民出版社，2008年版，第171页

下"而制造的"钳制之器",是君桎臣、官轭民、父压子、夫困妻的工具。进而在《仁学》中他更猛烈地抨击道:"数千年来三纲五伦之惨祸烈毒,由是酷焉矣。"对"三纲"这个封建等级制度之"擎天柱"的批判与否定必然造成对传统社会秩序的巨大冲击。

戊戌维新变法失败后,维新思想家们深刻反思变法维新失败的教训,对资产阶级思想启蒙和宣传活动更加关注。严复对西方启蒙思想家卢梭等人的民主、自由等思想有深入的研究,借鉴西方的这些先进、现代的理论,严复深刻批评和揭露了君权神授、皇权至上的传统道德观,指出"民之自由,天所畀也"。他还对哲学家斯宾塞尔的理论非常欣赏,在《原强》一文中首次提出"鼓民力""开民智""新民德"的伦理主张。这表明他试图通过吸纳西方道德改造中国传统道德,以构建适应中国社会发展的近代新道德。梁启超认为近代中国国民仍然固守以传统伦理道德为本位的价值观念,这是维新变法失败的重要原因。他虽然抨击封建伦理纲常,并且向国人介绍西方伦理道德,但并不完全否定传统伦理道德,而是主张将中西伦理道德融合起来建构中国近代的道德体系。在严复的"三民"主张基础上,1902年梁启超撰写了著名的《新民说》,就如何改造传统国民道德的劣性,全面而系统、深入而具体地研究了国民的力、智、德三个方面的问题。由此梁启超明确提出:"新民云者,非欲吾民尽弃其旧以从人也。新之义有二:一曰淬厉其所本有而新之,二曰:采补其所本无而新之。二者缺一,时乃无功。"① 梁启超以民权、独立、自由为核心的近代资产阶级"新国民"的道德观代替了中国以传统伦理道德为本位的"旧国民"的道德观,实现了以义务为本位的旧道德向以权利为本位的新道德的转化,开启了中国近代资产阶级道德革命的序幕。

---

① 梁启超:《新民说·释新民之义》,《饮冰室专集》之四,北京:中华书局,1989年版,第5页

四、辛亥革命时期提倡资产阶级"新八德"

在抨击封建伦理纲常、学习和借鉴近代西方伦理道德思想、建构资产阶级新道德方面,以孙中山为代表的辛亥革命时期的先驱者,结合当时发展资产阶级民主革命的时代要求,在基本接受维新时期思想成果的基础上,对封建伦理纲常的批判比较维新派而言,更尖锐、更深入。而且,他们在理论和实践上都将封建伦理纲常与传统伦理道德区别对待,认为新道德体系中不应该舍弃中华民族千百年来形成并坚持的那些具有超越时代价值的伦理道德的合理内容,而是应该在赋予其时代新义的基础上批判继承。

孙中山将自由、平等、博爱等西方资产阶级革命的政治口号和道德原则与中国传统伦理道德思想的精华相结合,赋予它们中国式的新含义。尽管孙中山对封建专制主义及其纲常名教进行了尖锐批判,但同时,他也承认我们优秀的传统道德对民族命运的重要性,"要维持民族和国家的长久的地位,还有道德问题,有了很好的道德,国家才能长治久安。""我们现在要恢复民族的地位,除了大家联合起来做成一个国族团体外,就要把固有的旧道德先恢复起来。"[①] 当然,这种恢复绝不是要原封不动地复原中国旧有的道德,而是从民主主义革命的需要出发,批判继承中华民族的优秀传统道德,塑造新的民族精神。"讲到中国固有的道德,中国人至今不能忘记的,首是忠孝,次是仁爱,其次是信义,其次是和平。"[②] 对这些经典的传统道德孙中山先生都进行了新时代的解释,基本上实现了从传统伦理向现代平等、互助、博爱伦理的跨越。陈瑛、唐凯麟等教授说:"孙中山的伦理思想是中国资产阶级伦

---

① 孙中山:《孙中山全集》第9卷,北京:中华书局,1981版,第243页
② 孙中山:《孙中山选集》,北京:人民出版社,1981版,第649页

理思想发展的最高成就,它标志着中国资产阶级伦理思想的成熟和完成。"①

面对列强的侵略,为求国家的发展与强盛,蔡元培先生强调必须重视"公民道德教育"。"何谓公民道德?曰,法兰西之革命也,所标揭者,曰自由、平等、亲爱。道德之要旨,尽于是矣。……三者诚一切道德之根原,而公民道德教育之所有事者也。"② 他将中国传统道德的理念注入对自由、平等、亲爱等西方资产阶级思想的解释中:自由即"义",也就是孔子的"匹夫不可夺志";他还从重视"群体意识"出发,强调自由、权利和责任、义务是同时并存的。因为,在西方列强入侵的社会背景下,中国的独立富强不可能依靠单独个体来完成,坚强有力的群体是实现国家独立富强的基本条件。

总之,从介绍学习西方伦理道德观念到对传统道德观念进行新时代环境下的改造和新的解释,这都是时代发展的客观需要,都是在尝试建立一种区别于传统、适合于现代的新的道德体系,尽管这种尝试仅仅是中国近代化进程中的第一步,但是也同样促进了传统道德在近代的历史转型。

第二节 中华民族传统道德的近代际遇

1915年以陈独秀在上海创办《青年杂志》为标志开始的新文化运动和1919年的"五四"爱国运动后,反帝反封建的革命领导权逐渐转

---

① 陈瑛、温克勤、唐凯麟:《中国伦理思想史》,贵阳:贵州人民出版社,1985版,第791页

② 蔡元培:《对于教育方针之意见》,《蔡元培选集》,北京:中华书局,1959年版,第9页

移到无产阶级手中,中国开始步入新民主主义革命时期。这期间,中国古代传统道德的演变发展有对近代以来道德革命的承继,更有革命、政治斗争过程中对传统道德的强烈冲击。

一、新文化运动吹响道德革命的号角

辛亥革命后,国内军阀割据和混乱的局面愈演愈烈,袁世凯复辟帝制、背叛共和,尽管遭到众多反对,但在当时的思想界却也掀起一股"尊孔读经"的复古逆流。因此,思想理论界关注的热点问题主要集中到怎样建设真正的共和政治,以防止独裁与帝制复活。有人认为,民国初期社会动荡不止的根本原因在于道德,而非政治,指出"非共和之不美也。为国民之道德,退化易而进化难,不足以副共和之美制也"①。封建专制的理论基石就是传统的纲常名教,因此,早在辛亥革命前,就有人指出"欲扫荡现世之权利,必先扫荡现世之道德"。② 辛亥革命后,守旧势力的复古逆流进一步揭示出这一道理。因而,解决专制政治问题,"犹待吾人最后之觉悟"③。

(一)"打孔家店",评判封建礼教不适于现代生活

袁世凯、张勋复辟帝制都是以尊孔为开路先锋,尊孔重礼的目的就是立君,恢复旧的封建秩序。因此,保卫共和成果、构建现代社会,就必须批孔。"孔教与共和乃绝对两不相容之物,存其一必废其一。"④ 这一方面深刻揭示了孔子学说的本质是为封建等级专制制度服务的,另一

---

① 转引自张卫波:《孟德斯鸠道德论与民国初期的道德建设问题之歧见》,《学术月刊》2004年第4期
② 张枏、王忍之编:《辛亥革命前十年间时论选集》第三卷,北京:生活·读书·新知三联书店,1978年版,第168-169页
③ 陈独秀:《陈独秀文章选编》(上),北京:生活·读书·新知三联书店,1984年版,108、106页
④ 陈独秀:《复辟与尊孔》,《新青年》,1916年(2卷2号)

方面也对二者的内在关系进行了总结。批判孔子学说是辛亥革命后社会在巨大变革中发展的必然趋势。

陈独秀是新文化运动时期批孔、反传统的先锋，但是，其出发点一直就是认为孔子之道根本不适于现代生活。"本志诋孔，以为宗法社会之道德，不适于现代社会，未尝过此立论也。"显然，陈独秀之批孔的目的是反对尊卑贵贱的封建等级制度，反对以传统纲常名教规范现代社会秩序，但他并不否认孔子思想的价值。李大钊也认为孔子之道有它的历史性价值。

（二）批旧道德，倡导独立平等自由之人格

新文化运动的倡导者普遍认为"三纲"是典型的不平等的维护等级制度的片面性道德要求，其长久的存在造就了中国民众的奴隶人格。因此，他们主张个性解放和人格独立。陈独秀认为"封建时代之忠孝节义"为旧道德，"率天下之男女，为臣、为子、为妻，而不见有一独立自主之人格者"。"三纲"之道德要求"皆非推己及人之主人道德，而为以己属人之奴隶道德也"。而民主共和制的建立是以独立自主的社会主体人格为基础的，因此，批判旧道德、倡导独立自由是时代之需。

以父子之道为例，鲁迅通过《我们现在怎样做父亲》一文抨击"长者本位"的封建孝道、批判家族制度，指出"只须'父兮生我'一件事，幼者的全部，便应为长者所有。尤其堕落的，是因此责望报偿，以为幼者的全部，理应做长者的牺牲"。但是，人类这个族群除了生命的延续外，还有进一步发展和完善生命个体的任务，因此，应该帮助幼者通过学习、思考、进步而能够超越长者、挑战权威，才能青出于蓝而胜于蓝，推动人类社会的进步与发展。胡适则大力提倡"最健全的个人主义"，个性解放和人格独立是现代社会的必须，他对旧家族制度束缚人性的批判是通过介绍易卜生主义来进行的，从旧制度中"救出自己"的前提是先充分发展自己的独立"个性"，这是基础性条件，否则，奴隶性人格难除。

（三）塑新青年，呼唤中国人的现代化

五四新文化运动时期道德革命的终极目的"在于呼唤中国人的现代化"，"在于通过人的革新，来实现中国的社会改造"。① 因此，必须使人们，尤其是青年人摆脱传统纲常名教的束缚，以具有自由、平等、独立意识的现代之人参与社会生活，才能达到发展和巩固共和的目的。

陈独秀认为，现代人格的塑造对于作为国家未来发展生力军的青年来说，尤为重要，青年之于社会，犹如新鲜活泼细胞之在人身。因此，要改造社会、挽救国家与民族，非"太息咨嗟"所能济事，必须塑造新青年。② 1915 年 9 月，陈独秀在上海创办《青年杂志》（从第二卷起改名《新青年》），并发表《敬告青年》一文。《敬告青年》"谨陈六义"。第一，反对奴隶主义，提倡人格独立；第二，反对保守思想，提倡进步观念；第三，反对退隐意识，提倡进取精神；第四，反对闭关锁国，主张融入世界；第五，反对虚文伪饰，提倡实利主义；第六，反对无知妄作，提倡科学信仰。由此强力吹响了新文化运动的号角。

（四）批三纲取五常，认可传统道德学说的历史价值

通常认为五四新文化运动是一次激进的反传统运动，彻底否定和抨击了中国古代传统道德。但是认真研究新文化运动代表人物的言论可以发现，他们主要反对的是压制人性、不适应社会现代性发展的以"三纲"为核心的旧道德、旧习俗等封建礼教，而不是全盘反对和否定传统儒家思想所代表的基本社会价值和传统道德规范的精华内容。

陈独秀在解释新文化运动时指出，"新文化运动，是觉得旧的文化还有不足的地方，更加上新的科学、宗教、道德、文学、美术、音乐等运动"。因此，对于传统旧道德"顺进化之潮流，革故更新之则可，根

---

① 转自彭明：《五四运动与二十一世纪的中国——北京大学纪念五四运动 80 周年国际学术讨论会论文集》（上），北京：社会科学文献出版社，2001 年版，第 29 页.
② 陈独秀：《陈独秀文章选编》（上），北京：生活·读书·新知三联书店，1984 年版，第 73－74 页

本取消之则不可也"。"惟将道德本身根本否认之，愚所不敢苟同者也。"① 他还认同传统伦理道德的精华实为救国之要道，不可轻易抛弃。"勤""俭""廉""洁""诚"等数德，"故老生常谈，实救国之要道"。胡适也指出，"新文化运动的根本意义是承认中国旧文化不适宜于现代的环境而提倡充分接受世界的新文明"。② 吴虞同样认可孔子是其当时之伟人。由此可见，五四新文化运动时期对于旧道德的抨击都是基于现代社会生活发展革新的事实，认为旧道德应该加以现代性的改造或扩展，而并非简单地全盘否定传统道德的历史价值，尤其是对于那些优秀传统道德规范，大多数思想家都给予了中肯的认可。据北大教授王东考证，新文化运动的代表人物，从蔡元培、陈独秀、胡适到钱玄同，都没有提出过要"打倒孔家店"，至于说打倒"孔家店"那是陈伯达等人后来的加工改造。（据《五四精神新论》）

傅斯年曾经这样评价陈独秀："独秀当年最受人攻击者是他的伦理改革论，在南在北都受了无数的攻击、诽谤及诬蔑。我觉得独秀对中国革命最大的贡献正在这里，因为新的政治决不能建设在旧的伦理之上，支持封建时代社会组织之道德决不适用于民权时代，爱宗亲过于爱国者决不是现代的国民；而复辟与拜孔，家族主义与专制政治之相为因果，是不能否认的事实。独秀看出徒然的政治革命必是虎头蛇尾的，所以才有这样探本的主张。"③ 这是一个非常客观、中肯的评价。五四新文化运动时期的道德革命，是中国近代社会变革、文化革新的历史产物，是近代社会转型、文化转型的题中应有之义。④

综上所述，中国近代伦理道德发展史上的道德革命，就是反对封建旧道德，提倡近代资产阶级新道德，要实现深层次的观念变革。这场道

---

① 陈独秀：《独秀文存》，合肥：安徽人民出版社，1987年版，第668页
② 胡适：《胡适选集》之《新文化运动与国民党》，长春：吉林人民出版社，第249页
③ 傅斯年：《陈独秀案》，载《独立评论》第24号，1932年10月
④ 张岂之、陈国庆：《近代伦理思想的变迁》，北京：中华书局，2000版，第386页

德革命始于戊戌，中经辛亥，到五四新文化运动时期发展到高潮，动摇了封建传统道德思想的统治地位，作为一场启蒙运动，是中国近代以来社会变革、文化革新的必然产物，为中国文化包括伦理道德文化的现代转型做出了历史性的贡献。

二、新儒家维护传统道德，探索现代文化建设

五四新文化运动时期，批旧求新已是大势所趋，但是，反对新文化运动的也大有人在，即文化保守主义。后来，民族危机的日益加深也使人们意识到，一个民族的延续和发展是以作为民族象征的文化传统、道德传统的保存和弘扬为前提的，并由此得出了返本开新的结论。

20世纪30年代，面对日益加重的民族危机，大部分人已经意识到中华民族精神的存亡与中华民族的存亡是同一件事。回归并复兴作为民族精神象征的文化、道德传统是挽救民族危机的基础；而探究民族危机出现的原因时，积患已久的民族旧传统旧道德又难辞其咎。在这个互为因果的矛盾纠结之中，思想界提出了既"不守旧"又"不盲从"的"中国本位文化建设"原则。1935年1月10日，由王新命等十位教授联名在《文化建设》月刊上发表《中国本位的文化建设宣言》，主张要加强"中国本位的文化建设"，对西洋文化要"吸收其所当吸收，而不应以全盘承认的态度，连渣滓都吸收过来"，旗帜鲜明地反对"全盘西化"。由此引发了当时中国思想文化界一场关于"中国文化出路到底是中国本位还是全盘西化"的大论战。后来又逐渐形成了一批主张回归、转化、提升儒家传统伦理道德以适应、推进中国现代化进程的现代新儒家。现代新儒家们不是空洞地为中国传统道德进行辩护，而是在与西方精神和现代社会的比照中肯定并提升了中国传统道德的现代价值。

梁漱溟从西方文化和道德精神的转型出发，在中国文化发展道路的现实选择上，倡导中西价值理念的结合，即将西方文化中向前奋斗的动与中国文化中的情感有机结合。马一浮先生极重儒学，提出以"六艺"为核心的学术观，在现代社会环境下重新阐释、进一步延展了儒家的"仁""孝"等一系列道德观念。熊十力先生的"即习成性"说主张通过艰苦的修炼来成就、恢复人的本性，这与中国传统的修身养性思维一脉相承。他在反对民族虚无主义的过程中，进一步洗练和提升了中华民族传统道德精神。冯友兰先生用基本道德的永恒性为中国传统道德精神辩护，并在其人生境界说中肯定、伸张了其价值。他以人的社会性为基础，关注社会整体利益的重要性，弘扬尽职尽责的道德理性和利他主义精神，始终充满着中国传统的价值理念和道德精神，是对儒家以义制利、天人合一等传统伦理价值理念的复归和重铸，为人类的精神世界树立了一个具有现实化意义的理想目标。① 贺麟先生力图从哲学的高度分析中国传统道德的本质，挖掘其精华。钱穆先生主张用"同情和敬意"对待中国历史文化，坚决反对"尽废故常"，认为中国传统文化在历史上旺盛繁衍，领先于世界，其根基就在于它以人道主义为核心的价值理念。

抗战爆发之前，传统的复兴在一定程度上仅被视为一种道德救国的手段，抗战爆发之后，传统的保存与发展则被视为民族独立与延续的一个前提了。贺麟先生在1941年抗战的关键时刻写道："中国当前的时代，是一个民族复兴的时代。民族复兴本质上应该是民族文化的复兴。民族文化的复兴，其主要的潮流、根本的成分就是儒家思想的复兴，儒家文化的复兴。"② 现代新儒家们大都从文化民族主义的立场出发，将中国传统伦理道德中具有超越性和永恒性的要素在哲学的层面上进行了深层挖掘和提升，并在中西伦理道德的现实比较中寻求二者的有机结合

---

① 张锡勤、柴文华：《中国伦理道德变迁史稿》，北京：人民出版社，2007年版，第279页

② 贺麟：《儒家思想的新开展》，《思想与时代》，1941年第1期

途径，以推进中国传统道德的现代化，在纠正民族文化虚无主义的错误方面做出了重要的理论贡献。

三、中国革命道德对传统道德的扬弃与超越

马克思主义在俄国十月革命后传入现代中国，经历了一个由原始化到中国化、理论化到实践化的过程。以毛泽东同志为代表的马克思主义者如李大钊、陈独秀、瞿秋白、李达、刘少奇、艾思奇等，在运用马克思主义基本理论研究和解决中国革命的实际问题时，也开创了一种不同于当时新儒家的伦理道德观，也就是中国化的马克思主义道德观。这种道德观以历史唯物论为理论基础和方法论原则，从中国革命和建设的实际出发，主张对中国传统道德"用马克思主义的方法给以批判的总结"，吸取其精华，剔除其糟粕，以"全心全意为人民"为宗旨，批判继承了中国传统伦理道德，是当时红色政权区域道德变革和道德建设的指导思想，也是1949年中华人民共和国成立以后中国社会道德变革和建设的理论基础。在此基础上逐渐形成的中国革命道德是对中华民族优秀传统道德的继承和发展，是中华民族优秀传统道德在新的社会环境中的升华和质的飞跃。

中国革命道德具有丰富而独特的内涵，包括为实现社会主义、共产主义理想而奋斗，全心全意为人民服务，始终把革命利益放在首位，修身自律，树立社会新风等。在长期的革命实践中，以中国共产党人为主要代表的革命者，以自己的实际行动甚至以鲜血和生命，率先成为践行革命道德的典范。中华民族优秀传统道德是中国革命道德的源泉之一，中国革命道德继承了中华民族传统道德的精华，摒弃了传统道德的糟粕，不仅是中华民族优秀传统道德的延续和发展，更是超越了其时代局限而形成的一种崭新的道德。首先，中国革命道德继承传统道德中"仁爱""民本"等思想并加以改造和创新，提升为全心全意为人民服

务。其次，中国革命道德既继承弘扬了传统爱国主义，又超越了其自身带有的历史局限性，把爱国同民族的解放与独立、人类进步的远大理想和现实要求结合起来，使爱国主义成为最富有时代精神的道德规范。同时，中国革命道德还继承了中华民族艰苦奋斗、勤俭自强等传统美德，并同现实革命任务相结合，铸造出了井冈山精神、长征精神、延安精神、西柏坡精神等不朽的民族精神，成为我们战胜千难万险的重要的精神力量。

国民政府时期，中国社会上各种不同政治集团、军事力量，尤其是封建主义、资本主义、新民主主义等的同时存在，使得整个社会的政治、经济、思想文化等总体上都呈现出新旧陈杂、相互矛盾的状态。社会伦理道德的发展演变方面亦是如此，其主流依然承继了近代伦理道德发展演变的主要方向，即革故鼎新、新旧杂陈、中外混合、多维度价值理念的并存。尽管当时有敌占区奴化道德的推行、解放区革命道德的传播等，但是，思想界呼吁民族传统道德文化的回归与复兴、国民政府推行复兴传统道德的一系列文化主张，都可视为当时中国重新反思传统道德的现代价值的一些尝试。只是因为民族危机的日益加重、各种政治斗争的日趋复杂，使得这种尝试没有收到预期的成效。

总之，五四新文化运动以后的历史，是对中国古代传统社会进行深刻分析，对古代传统道德进行彻底清算的时期。五四新文化运动是一场革命，是力图打破旧制度、旧思想的束缚，具有启蒙性意义的、建设现代民主国家的历史性尝试。因此，五四新文化运动批判旧道德有着深远的历史意义和启蒙作用。但是，其后民族危机的加深、战乱不断的环境，使得当时的政界和思想界在对包括传统道德在内的传统文化、传统制度进行反思的同时，对新文化、新道德的建设都没有取得较为理想的效果。

第五章

中华民族传统道德在改革开放前的双向境遇

1949年10月,中国共产党在领导人民进行了二十多年艰苦卓绝的武装斗争之后,取得了新民主主义革命的伟大胜利,建立了中华人民共和国,从此,古老中国的发展进入了一个崭新的历史阶段。中国的社会主义革命和建设在曲折中不断前进。这一时期,社会发展变化的时代烙印在社会道德生活的变化中典型地体现出来,更为直接地表明了社会存在和社会意识的辩证关系。

第一节 社会主义道德建设对中华民族优秀传统道德的继承与超越

中华人民共和国成立之初,中国共产党人即开始把以为人民服务为宗旨,以集体主义为原则的社会主义、共产主义道德向全国推广,成为全民共同遵守的道德准则。社会主义、共产主义道德尽管是以马克思主义为指导的,但是,马克思主义在中国的发展是以其自身的中国化过程为基础和前提的,中华民族优秀传统道德无可替代地成为新的社会主义道德建设的深厚精神资源。

一、社会主义新风尚体现对优秀传统道德的继承与发展

中华人民共和国成立后,革命的激情和建设社会主义新中国的热情,鼓舞着人们在清除旧社会污垢的同时振奋前行,社会主义新风尚迅速形成,最能代表这段时期精神面貌的是至今仍然被传颂的"雷锋精神""铁人精神""焦裕禄精神"等。从这些来自社会最基层的工农兵不同战线的道德楷模、先进人物身上所展现出的永放光芒的无私奉献精神,不仅是革命时期的无私奉献道德精神的继承和发扬,也是中华民族优秀传统道德在新时期的继承与发展,是社会主义建设初期我们克服一切艰难困苦最强有力的精神推动力。

(一)"雷锋精神"对优秀传统道德的继承与发展

雷锋最初是因为认真学习《毛泽东选集》、助人为乐、勤俭节约而受到关注的一名普通的战士,1963年3月5日毛泽东同志发出"向雷锋同志学习"的号召,随后,刘少奇、周恩来、朱德、邓小平等党和国家领导人纷纷题词,全国范围内迅速掀起了学雷锋的高潮。整理出版后的雷锋日记,成为一个时代的精神读本;《学习雷锋好榜样》唱遍了全国的各个角落,成为妇孺皆知的最红歌曲。雷锋以其22年的短暂一生中所展现的崇高的道德精神境界,毫无争议地成为感召和引领国人追求和践行良好社会道德风尚的一面旗帜。在社会主义新时代继承和发展中华民族优秀传统道德而形成的雷锋精神,早已成为中国社会道德精神领域的一座丰碑。

其一,关心群众、乐于助人与仁爱之道。雷锋关心战友、关心群众、乐于助人。"仁"作为中华民族传统道德规范的统帅,孔子曾言:"人不独亲其亲、不独子其子,使老有所终、壮有所用、幼有所长、矜寡孤独废疾者皆有所养。"如果说古代的传统道德在一定程度上主要是在亲朋好友等熟人圈子里发挥作用的话,那么雷锋精神恰恰是打破了或者说弥补了传统道德当中的这个缺陷。"雷锋出差一千里，好事做了一火车。"他完美继承了中华民族"仁爱""爱人"的美德，并推而广之，由此而形成的强大的人格魅力和高尚的道德情操一直感召着中国乃至世界范围的民众。雷锋作为一个典型的道德楷模，其精神被公认具有普适性道德价值。

其二，为人民服务与天下为公。雷锋精神的核心价值是为人民服务。"人的生命是有限的，可是为人民服务是无限的，我要把有限的生命投入到无限的为人民服务之中去。""我活着只有一个目的，就是做一个对人民有用的人，我要在一切实际行动中贯彻落实。"雷锋日记中的这些话都充分展现了他全心全意为人民服务的精神境界及强烈的社会责任感。从古代的天下为公，到现代的为人民服务，尽管社会在发展变化，但是我们所倡导的奉献、为公的主旨一直没有改变。可以说，雷锋身上所展现的这种无私奉献精神不仅是对范仲淹的"先天下之忧而忧，后天下之乐而乐"思想的传承，而且是一种超越和发展。因为，古代的"天下"是封建帝王一家一姓的天下，而雷锋精神中的为公、为人民则具有了更为丰富的内涵。当个体生命的价值和意义被纳入国家和社会发展的洪流之中时，生命存在的意义和价值也就会因此而呈现出永恒性与榜样性。

其三，严于律己与克己复礼。雷锋提出"对待个人主义要像秋风扫落叶一样"，义正词严、毫不留情，对自己的工作和生活要求非常严格。中国被称为礼仪之邦，孔子说："克己复礼为仁。一日克己复礼，天下归仁焉。"这既是个人的道德修养问题，更是一个社会道德价值趋向的定位问题。"克己"，就是要随时注意约束自己的言行，克服各种不良习惯和私利私欲的影响，应时时提醒自己"战胜自我"。只有全社会每一个个体在道德修养上进行共同的趋向选择与努力实践，才可能逐步形成一种高度文明向上的社会风尚，建立起良好的社会公共秩序。因此，每个人的道德品性修养对于整个社会来说都是非常重要的。雷锋精神之所以历经半个多世纪光芒不减,其根本原因就在于他把自己的精神道德追求一点点落实在个人坚实的人格修养上,在为人民服务的具体实践中不忘时时刻刻严格要求自己,修正自己。

其四,螺丝钉精神与君子务本。个体在任何社会中都是作为社会的基础而存在的。认同于平凡的工作岗位,并踏踏实实地献身于这个岗位,干一行、爱一行,这是雷锋精神的另一个重要组成部分。"一个人的作用,对于革命事业来说,就如一架机器上的一颗螺丝钉。螺丝钉虽小,其作用是不可估计的。我愿永远做一个螺丝钉。"这种螺丝钉精神与中国古代"君子务本,本立而道生"的道德要求相互契合。"务本"就是做好自己平凡的本职工作,这同样也是一种道德修养,然后不断地促成社会个体对现实生活的认可,并最终营造社会氛围的和谐向上、持久稳定。从这个角度上讲,雷锋提出的坚守个人岗位,发扬螺丝钉精神绝不是空洞乏力的无本之木、无源之水,而是在继承传统美德的同时,践行一种具有鲜明时代特征的精神道德要求。

(二)"铁人精神"对优秀传统道德的继承与发展

铁人王进喜是战天斗地的中国工人阶级的光辉代表,铁人精神是在20世纪60年代的艰苦环境中铸造形成的。铁人精神内涵丰富,主要就是激情爱国、艰苦奋斗、埋头苦干。无论在过去、现在还是将来铁人精神都有着超越时代的价值和永恒的生命力,是新中国工人阶级将中华民族优秀传统道德与社会主义道德要求有机统一的突出表现。

其一,矢志不渝,壮怀激烈的爱国主义情怀。爱国主义是中华民族历史悠久绵长、传承至今的精神支柱和精神财富。铁人精神魅力永存的原因之一就是其强烈的爱国主义精神激励着一代又一代的后来人。对于铁人王进喜爱国主义精神的丰富内容,韩福魁同志曾做过细致的研究,他认为铁人王进喜的爱国,既是轰轰烈烈的,更是扎扎实实的;既是刻骨铭心的,更是披肝沥胆的。在《学习铁人的爱国主义精神》一文中,韩福魁从三个方面十分清楚地总结了铁人王进喜爱国主义精神的主要内容:一是王铁人的爱国是倾心爱国;二是王铁人的爱国是敬业爱国;三是王铁人的爱国是求全爱国。

其二,艰苦奋斗,无难不克的自强不息精神。"自强不息"是中华民族几千年奋斗不止、生生不息的内在精神基因。铁人王进喜的"人拉肩扛"就是这种自强不息的拼搏精神在当时环境下的真实写照。这是王进喜和他的工友们用自己的血肉之躯同钢铁之架奋战的结果,是人的意志、力量和信心对艰难困苦的客观自然环境的胜利。在"人拉肩扛"这种拼搏精神的激励下,工人阶级才能克服常人难以想象的各种困难完成各项建设任务。"我学会一个字,就像搬掉一座山,我要翻山越岭去见毛主席。"铁人王进喜从一个目不识丁的文盲,最终成长为诗人、演讲家、钻井工程师和领导干部,这个刻苦学习的过程是艰苦奋斗、自强不息精神的另一种体现,更充分体现了传统自强不息的精神在在当代攻克艰难中的巨大作用。

(三)"焦裕禄精神"对优秀传统道德的继承与发展

1966年2月7日,人民日报一版头条位置刊登了穆青等的长篇通讯《县委书记的榜样——焦裕禄》,这是全国宣传学习"牢记宗旨、心系群众,勤俭节约、艰苦创业,实事求是、调查研究,不怕困难、不惧风险,廉洁奉公、勤政为民"的焦裕禄精神的开始。2014年3月,习近平总书记在兰考县调研时指出,要特别学习弘扬焦裕禄同志艰苦朴素、廉洁奉公、"任何时候都不搞特殊化"的道德情操。艰苦奋斗、艰苦朴素、勤俭节约、廉洁奉公都是中华民族的传统美德,也是我们党发展壮大的传家宝,是我们党的性质和宗旨的反映,也是我们党为人民服务这一价值取向中最核心的东西。焦裕禄用自己的生命实践了一个共产党人的信仰与追求。

综上所述,雷锋、焦裕禄、王进喜等这批新中国成立初期家喻户晓的道德楷模,确实都身体力行地体现了新的时代环境中对中华民族传统美德的传承与发展。在那个时代,英雄、楷模们身上所体现出的舍己为人、艰苦奋斗等优秀品德，对于所有的人都是一种极好的道德教育。新中国成立之初，正是通过大力宣传这些先进人物的模范事迹，树立起大量正面的道德形象，才使得中华民族千百年来凝练而成的公忠爱国、艰苦奋斗、自强不息等伟大民族精神，借助于英雄楷模们具体的言行展现出来，并得以传承和延续。

二、社会主义道德体系蕴含对优秀传统道德的继承和超越

新中国成立之初，毛泽东同志就指出："中国人被人认为不文明的时代已经过去了，我们将以一个具有高度文化的民族出现于世界。"① 也就是说，我们将科学总结中国传统道德文化遗产，并在此基础上对中外优秀道德文化进行批判继承，进而形成我们自己民族的科学的大众的道德文化观。早在1940年，毛泽东同志就曾指出："我们必须尊重自己的历史，决不能割断历史。""中国的长期封建社会中，创造了灿烂的古代文化。清理古代文化的发展过程，剔除其封建性的糟粕，吸收其民主性的精华，是发展民族新文化提高民族自信心的必要条件。"这是一种科学、理性、正确地对待传统文化、传统道德的指导方针。新中国成立后，正是在"古为今用、洋为中用、批判继承、推陈出新"的科学理念指导下，以为人民服务为核心、以集体主义为原则、以五爱为基本规范的社会主义道德体系建设逐步展开，并取得了辉煌的成就。

（一）传统道德中的民本仁爱与全心全意为人民服务

在中国传统的伦理政治型文化中，历来具有重民、爱民、富民、惠民的民本思想和仁者爱人的仁爱精神。传统的"民本、惠民"思想关注到了民众在国家和社会发展中的重要作用，但是，从思想本质上分析，它是为巩固封建政权服务的，是一种维护封建统治秩序的手段。仁

---

① 毛泽东：《毛泽东文集》第五卷，北京：人民出版社，1996年版，第345页

爱精神尽管是在追求和谐、有序、稳定的社会状态，但是从深层分析，它仍然主张"爱有差等"，有鲜明的阶级差别。中国共产党坚持"全心全意为人民服务"的道德思想，继承了中国传统伦理中的"惠民""仁爱"精神，摒弃了其中维护封建统治的本质和"爱有差等"的等级划分等这些带有时代局限的成分。

"为人民服务"的思想并不是新中国成立后才新提出的，早在艰苦的抗日战争时期它就已经得到深刻阐释和普遍传播。新中国成立后，在党和国家的大力倡导下，"为人民服务"的思想被全面写进了各级各类大、中小学的德育教材中；在各种先进模范人物的塑造、各种席卷全国的大规模政治运动中都贯穿了"为人民服务"的道德教育。因此，为人民服务是当时真正深得人心，并得以普遍践行的核心道德。尽管直到1996年中共十四届六中全会通过的《中共中央关于加强社会主义精神文明建设若干重要问题的决议》中，才明确提出"为人民服务"是社会主义道德的核心，但是，在新中国成立之初对这一思想的高度重视和大力弘扬，事实上早已经使它成为社会主义道德的核心。它"在新中国的道德建设中，始终都起着正确导向的作用，它如一根红线，贯穿在全部社会主义道德建设各个方面和各个层次"。[①]

(二) 传统道德中的群体本位与集体主义精神

影响至今的先秦诸子百家的思想主张尽管各不相同，但绝大多数的价值取向都是重群体、倡和谐。这种传统文化的基因培育出的是克己服众的传统心理，因此，中国传统文化、传统道德的精髓始终是追求"整体至上""群体本位"的价值选择。这种群体、整体观念对于维护国家安定、社会稳定和协调社会人际关系是具有积极意义的。但是，在古代的社会环境中，这种观念本质上是要求民众个体对封建统治阶级集体的服从，最终目的是维护封建统治秩序的稳固，因而所谓的"整体

[①] 罗国杰：《新中国道德建设的回顾与展望》，《齐鲁学刊》，2002年第2期

利益""群体利益"只不过是统治阶级进行阶级统治的幌子。因此,有学者提出,集体主义其实是一种公德(合乎公正的德性),而从集体主义立场上去理解的公德概念在中国传统文化和中国古代社会是不存在的。这是因为中国传统文化和古代社会一直没有提出公民概念,也不具有公民意识。① 因此,中国共产党所倡导的兼顾国家、集体和个人的集体主义就明显是对传统群体本位思想的继承和超越。

马克思、恩格斯指出:"正确的理解利益是全部道德的原则。"② 道德作为一种行为规则要解决的根本问题就是如何处理利益关系,任何一种道德价值观的根本性质和基本原则都充分体现在对这个问题的处理上。斯大林最初提出了集体主义的概念,用以解决个体与集体之间利益关系。他认为集体主义、社会主义不应否认合理的个人利益,而应将个人利益和集体利益有机结合,而且,只有在社会主义社会中,个人利益才能得到最充分的实现和满足。在斯大林阐述的基础上,后来发展出"社会主义、集体主义"。③ 抗日战争时期,毛泽东同志就一再强调集体利益高于一切,任何人都应该服从集体利益,服从革命利益。周恩来、刘少奇等领导同志也都对集体主义做了进一步的阐发。由于新中国是建立在百年战乱后整个社会千疮百孔、百废待兴、一穷二白的基础之上,当时许多基础部门亟待建设,都需要人们发扬高度自觉、无偿奉献的觉悟,才能尽快完成各项基础设施的建设。在新中国优越的社会制度的吸引和国家建设热情的激励下,社会主义、集体主义道德教育深入人心,成效巨大,使得人们都能以国家和集体利益为重,全身投入各种义务劳动中,无私奉献,在中国还处于生产力较为落后的情况下,较快完成了国防、工业以及其他重要基础工程的建设。离开了人民群众高度的社会

---

① 戴茂堂:《集体主义的道德阐释》,《求索》,2008 年第 5 期
② 《马克思恩格斯文集》第 1 卷,北京:人民出版社,2009 年版,第 335 页
③ 转引自安巧珍、韩小敬:《集体主义道德内涵新解》,《人民论坛》,2009 年 18 期

主义、集体主义道德觉悟，这些巨大的工程是无法想象的。

（三）传统道德中的爱国自强与五爱社会主义公德

在古代中国的传统道德中，公忠爱国、自强不息等一直都具有超越时代的永恒价值。爱国作为有效调节个人与国家之间关系的价值准则，是数千年来中华民族优秀传统文化的永恒主题，更是中华民族精神的最集中体现。中华民族在长期的发展中，逐渐凝结巩固起深厚的爱国主义情感，并代代相传，培养出了一批又一批精忠爱国的仁人志士。屈原以身殉国的理想追求，范仲淹先忧后乐的价值排序，张载为万世开太平的历史责任，顾炎武天下兴亡、匹夫有责的担当意识，等等，都是中华民族之所以能够经受住无数的风险和考验，始终保持旺盛生命力，薪火相传的精神基因。"天行健，君子以自强不息"更被张岱年先生认为是中华文化生生不息的根本原因之所在。新中国成立之初，爱祖国、爱人民、爱劳动、爱科学、爱护公共财物的"五爱"道德要求的提出，是在新时期对中华民族爱国自强等传统美德直接继承基础上的超越式发展。

爱祖国、爱人民、爱劳动、爱科学、爱护公共财物的"五爱"道德要求最早是在《中国人民政治协商会议共同纲领》中明确提出的，清晰地规划了新中国社会主义思想道德建设的蓝图。1954年9月，第一届全国人大一次会议通过的《中华人民共和国宪法》要求中华人民共和国公民必须"尊重社会公德"。"五爱"公德的确立是中华民族优秀传统道德与马克思主义，与现实国情有机结合的历史产物。"爱祖国"是"五爱"的核心，是把握所有社会主义具体伦理道德规范的基础和前提，这是对中华民族传统爱国主义精神的直接继承，又是完全超越了传统的一家一姓之国的现代爱国。"爱人民"是对传统民本思想的继承，又是对人民的概念进行了主体性认定和最大范围的扩充之后，社会主义价值观在基本取向上对传统道德的超越。"爱劳动"是对中华民族传统勤俭自强等美德的直接继承，也是马克思主义关于劳动在人类社会发展中的价值和作用的体现。"爱科学"作为公民道德的基本规范，体现了"科技是第一生产力"的时代发展要求，同时也是中华民族自强不息、勇于进取的传统美德在新时期科学强国要求下的再现，新中国成立后形成的"两弹一星"精神、"载人航天"精神等都是典型的体现。"爱公共财物"则是对社会公共利益的直接保护，是群体观念的现代化、是"爱祖国"的具体化。"五爱"公德在开国之初的确立，对于社会主义道德建设来说，意义非凡。巩固新生政权、恢复和发展百年战乱后百废待兴的国民经济各项建设是当时国家和社会的客观需要，"五爱"的确立就是对当时社会主义建设实践中社会公共道德规范的精炼概括。1982年第五届全国人大五次会议通过的新宪法用"爱社会主义"取代了"爱护公共财物"。此后，中央相关文件明确认定"五爱"为社会道德的基本要求。

中华人民共和国建国初期，通过对传统美德的继承，并有机结合了马克思主义道德观的基本理论，确立了新时期社会主义道德建设的核心、基本原则和基本要求，从而奠定了一直延续至今的社会主义道德体系的基本框架。而且，在当时的社会实践中，这些道德原则和要求都得到了很好的落实和执行，形成了良好的社会道德风气。

总之，客观地讲，尽管新中国成立初期社会道德建设带有比较典型的政治色彩，民众对崇高道德的认同和践行更多的是建立在一种对党和国家无限忠诚和热爱的朴素情感基础上，而不完全是道德觉悟或自觉。但也正是基于这种朴素的情感，才在普通民众中发自内心地传递出勤俭节约、不计报酬、无私奉献、勇于牺牲的精神力量，为当时的社会道德风气打印上了健康的底色。那个时代也并不是完全忽视了个体的权利和价值，而是劳动者个人自我价值的实现同国家社会的需要紧密结合，进而形成了一种价值观念的共振，再进一步在实践中转化成了一种全社会普遍认同的道德取向和社会行为。基于此，大公无私、公而忘私的集体主义世界观，毫不利己、专门利人的道德观，以及勤俭节约、艰苦奋斗的生活态度，才能成为了那个时代社会风气的主流。邓小平讲"我们有解放初期的前十年的经验，那十年我们的风气相当正"①。正是在这种价值观念、精神风尚的指引、激励下，中国的社会主义建设事业才能够在生产力较为落后的情况下，顺利完成了国防、工业以及其他重要的大量基础工程的建设。

第二节　关于对中华民族传统道德的批判与否定

1949年中华人民共和国成立，给多年来饱受战乱的中国民众带来极大希望和无限憧憬。新中国在前17年里取得了举世瞩目的建设成绩，这与社会主义道德、共产主义道德的教育和宣传是密不可分的。

前文已经阐释过，中华民族传统道德有精华也有糟粕，很多内容具有明显的时代局限性，在人类社会发展的进程中，只有一步步克服、清除那些过时落后的、愚昧丑恶的社会现象、道德理念，才能一步步接近人类所共同追求的文明、自由和民主。因此，社会发展过程中对传统道德的否定并非都是错误，但是必须对传统道德的内容进行科学的区分，进而区别对待，在此基础上对传统道德中糟粕性内容的否定才是一种社会的进步。

对于传统道德中糟粕性内容的批判与否定是中国共产党一以贯之的态度。中国共产党成立之初，在早期革命思维的影响下，党内早期领导人陈独秀、李大钊等尽管都有着浓厚的传统教育背景，但他们都对阻碍社会进步、不适合新时代发展的旧思想、旧道德进行了激烈的批评。对传统道德文化中腐朽落后东西的批判和摒弃，也是对传统道德文化进行

---

① 邓小平：《邓小平文选》第2卷，北京：人民出版社，1994年版，第217页

了一次适应现代社会发展需要的扬弃。在推翻"三座大山"的革命年代，批判维护旧制度的腐朽落后的传统道德文化是历史的必然，没有这种批判为前提，就不可能高举民主和科学的大旗，也就不会有思想的解放、启蒙和其后的创新发展。毛泽东同志主张"必须将古代封建统治阶级的一切腐朽的东西和古代优秀的人民文化即多少带有民主性和革命性的东西区别开来"，要彻底打倒那些腐朽的旧文化、旧道德。因此，从本质上看，他们都没有完全否定中华民族优秀的传统文化、传统道德，并没有割裂传统道德文化的根基和精神命脉，批判和否定的都是那些腐朽落后、不适应社会发展需要的旧传统。从革命战争年代红色根据地的新道德建设，到新中国成立初期全国范围内的社会道德建设，都是在对传统道德中的糟粕性内容进行批判与否定的基础上，树立起了社会道德的新风气。

一、否定专制体制，倡导民主之风

新中国的建立，从根本上否定和推翻了数千年来的专制政体，是对传统"三纲"原则的彻底否定，由此使得中国社会发生了翻天覆地的变化，人民群众真正成了国家和社会的主人。尤其是1954年第一次全国人民代表大会通过的《宪法》，明确规定了在新的社会制度下人们具有言论、结社、集会、出版等自由。最重要的体现是《宪法》规定人们具有选举权和被选举权，人们通过自己所享有的民主权利选举代表来行使法律所赋予的权利，广大人民群众终于冲破了三座大山的压迫，获得了前所未有的政治地位。

二、清除传统陋俗，净化社会风气

新中国成立之初，所面对的是旧中国的一个烂摊子，其中自然包括了旧社会的一切污泥浊水。社会主义的新中国要建立新的社会秩序，巩固新政权,就必须要清除掉旧社会的糟粕,打击各种反动、黑恶势力。烟毒、妓院、赌博、封建迷信和反动会道门等作为旧社会延续多年的社会毒瘤,对社会危害极大,是民怨所在,也是旧社会剥削阶级奢侈享乐所在。新中国成立后,共产党立即着手查封妓院、改造妓女,严禁卖淫嫖娼、戒毒禁赌、取缔烟馆赌场、破除鬼神迷信、严厉打击各种黑恶势力,以马克思主义为理论指导,把理论上劳动第一的逻辑转化为了社会实践层面上、实现制度上和日常生活上的改造,这就是在剥除旧社会所遗留下来的毒瘤,为新道德的建立提供新的社会主体,使得正常的社会道德伦理得以恢复。

三、否定"三从四德",倡导自由平等

在封建社会以男权主义为中心的氛围中,男尊女卑观念根深蒂固,夫为妻纲的传统原则要求妇女须"三从四德",妇女遭受种种压迫和束缚而没有自主的权利和地位。近代以来一直提倡的妇女解放、男女平等,在中国共产党的主张和领导之下逐渐得到真正的落实。早在革命战争年代,红色根据地的政权就已经开始通过各种措施宣传并保障妇女的自由和平等权利,广为流传的戏剧《小二黑结婚》就是当时妇女获得婚姻自由的最好注释。新中国成立后,妇女的权益得到了更好的保护,《婚姻法》的颁布是一个最好的体现。1950年5月1日起公布实施的《中华人民共和国婚姻法》是新中国成立后公布实施的第一部国家大法。《婚姻法》废除了以包办强迫、男尊女卑、漠视子女权益为主要特征的封建主义婚姻制度,实行以婚姻自由、一夫一妻、权利平等、保护妇女和子女合法权益为主要特征的新婚姻制度;明令禁止重婚、纳妾、干涉寡妇婚姻自由、借婚姻关系索取财物等旧有的婚姻陋俗,确立了结婚自愿、离婚自由、夫妻平等的原则,并且还规定了父母和子女之间相互的权利义务等。旧社会的婚姻陋俗和不平等的婚姻关系,在社会主义

社会发生了根本的改变，这对于人类社会的文明进步具有重要的意义和价值。

四、严惩贪污腐败，倡导廉洁自律

勤俭节约、廉洁奉公、反对官僚主义是社会主义道德、共产主义道德的应有之义。贪污腐败不仅是旧社会特权思想的遗留常态，在新中国成立之后行贿、偷税漏税等不法行为也时有出现。我们党于1951年底至1952年4月，领导全国人民相继开展了反贪污、反浪费、反官僚主义的"三反"运动和反行贿、反偷税漏税、反盗窃国家资财、反偷工减料、反盗窃国家经济情报的"五反"运动。这既是一场针对民族资产阶级中的少数分子进行清算的阶级斗争，也是对中国共产党自身队伍的整风运动。这个过程中利用反面典型、进行宣传警示教育，起到了良好的社会效果。

五、否定传统道德的扩大化

中华人民共和国成立后，"左"的思想一致没有得到有效的控制，且逐渐滋长。1950年代后期开始，在"左"倾思维"无产阶级专政下继续革命"理论的影响下，"革命"始终不曾中断，阶级斗争是工作的重心，直至"文革"的爆发，使得整个国家的社会秩序陷入了严重的混乱状态。

总之，中华人民共和国成立之初，在社会道德建设方面成绩显著，全社会形成了健康向上、热情高涨、团结互助的良好的社会道德风尚。可以说，如果没有人民群众战天斗地、艰苦奋斗的高度的道德觉悟，就不可能有新中国成立初期取得的建设成就。

第六章

中华民族优秀传统道德的当代价值

"历史从哪里开始,思想进程也应当从哪里开始。"① 任何一个国家和社会的发展,都不能脱离开自己的历史和传统,而道德价值观念等精神层面上的现代重建更需要借助不能割断的传统。中华民族传统道德是我们五千年源远流长传统文化的核心与灵魂,当前中国特色社会主义文化建设、社会主义核心价值观的培育与践行都根植于中华民族传统道德文化的沃土之中,是对中华民族优秀传统道德的继承与发展。2013年11月26日,习近平总书记在山东考察时曾经明确指出:"国无德不兴,人无德不立。""一个国家、一个民族的强盛,总是以文化兴盛为支撑的,中华民族伟大复兴需要以中华文化发展繁荣为条件。对历史文化特别是先人传承下来的道德规范,要坚持古为今用、推陈出新,有鉴别地加以对待,有扬弃地予以继承。"在全面深化改革、推进中国特色社会主义伟大事业、实现中华民族伟大复兴的中国梦的新时代条件下,中华民族优秀传统道德文化的当代价值日益彰显。

第一节 改革开放以来对中华民族传统道德的时代反思

1976年"文革"结束以后,尤其是1978年党的十一届三中全会以

---

① 《马克思恩格斯选集》第2卷,北京:人民出版社,1995年版,第43页

后，中国进入到改革开放的新时期。在"解放思想，实事求是"的思想指导下，改革开放在社会实践的各个层面逐步展开，与此同时，我们党和国家更加关注和重视思想道德建设，对中华民族传统道德的认识更趋理性和客观，批判继承、古为今用、创造性转化、创新性发展的基本方针逐步落实。

一、改革开放初期西方自由化思潮冲击中华民族传统道德

改革开放四十年来，尽管在思想道德建设方面我们已取得了巨大的成绩，但其过程并非一帆风顺。正是在面对各种挑战、各种问题的思考与探讨中，我们党和国家对加强意识形态领域的思想道德建设才更加理性和成熟。改革开放之初的20世纪80年代，西方自由化思潮曾在我国盛行一时，一些人鼓吹西方的个人主义和自由主义，而对包括传统伦理道德在内的传统文化予以拒绝和否定，在青年人群中曾产生了很大的影响。

1. 西方自由化思潮否定中华民族传统道德

我国改革开放初期，恰逢西方大力推销新自由主义的时期，一少部分别有用心之人就利用国内解放思想、批判"左"倾错误的大环境，走向了另一个极端，甚至把纠"左"延伸为"纠正"社会主义和马列主义，试图以自由化的观点特别是新自由主义的观点诠释改革开放，否定中国曾经的历史，乃至一切传统。1987年3月3日，邓小平同志同美国国务卿舒尔茨谈话时，将资产阶级自由化概括为："所谓资产阶级自由化，就是要中国全盘西化，走资本主义道路。"①

1980年代全盘西化思潮的出现是西方价值理念大量输入中国，对一些人的思想长期影响和腐蚀的结果。李泽厚先生认为"全盘西化"

---

① 邓小平：《邓小平文选》第3卷，北京：人民出版社，1993年版，第207页

这一新文化时代的老问题是在改革开放初期我们忽然面对先进的世界舞台时迅速登场的。当时，中国国内正值拨乱反正、改革开放的转型期；国际上，西方在逐步加强对社会主义国家的和平演变。有些人错误地认为，现代化等概念和理论都源于西方，所以，我们正在建设的现代化就是"西方化"，而西方化就应是"整体西化论"，要完全地把西方的科技、政治、文化、意识形态、价值观念、伦理道德等，都移植到中国来。因此，就开始有人宣扬民族虚无主义的论调，提出传统伦理道德扼杀人性论、"中国传统文化束缚自我论"等，以偏概全，通过大肆批判传统儒家的伦理道德进而对中国的传统伦理道德，乃至对整个中华民族的传统文化进行攻击，企图以否定中国传统文化和传统伦理道德来为全盘西化的主张开路。以煽动颠覆国家政权罪于2009年被法院判刑11年的刘晓波在当时曾妄言："从人类文化史、特别是思想史的角度看，中国文化传统中既无感性生命的勃发，也无理性反省意识的自觉，只有生命本身的枯萎，即感性狂迷和理性清醒的双重死亡"，并宣称"对传统文化我全面否定，我认为中国传统文化，早该后继无人。"全盘否定中国的传统文化。

2. 西方伦理思潮冲击中国青年道德价值观

1980年代，除了西方资产阶级自由化思潮为政治目的而攻击和否定中国之外，因为改革开放使国门大开，现代西方非理性主义伦理思潮也开始传入我国并强烈冲击着我国青年一代的道德价值观念。当时社会上曾相继出现过反响很大的"萨特现象""尼采现象""弗洛伊德现象"等，并由此引发了广泛的关于人生价值观念的思考与讨论。

《人生的路呵，怎么越走越窄……》，经历过1980年的人们肯定不会忘记当年在全国范围内引起热议和讨论的《中国青年》杂志发表的这封"潘晓"来信。信中充满了青年人的困惑，并首次提出"主观为自己，客观为别人"的伦理命题，这种人生观与此前我们一直提倡的利他忘我的人生价值观是相对立的。随即引发了在全国范围内持续半年多的关于人生观的大讨论——"人为什么要活着"。随后,在当时的中国青年中出现了迷恋西方非理性主义哲学代表萨特、尼采、弗洛伊德等现象,这都是当时的中国青年、尤其是青年知识分子关注和反思人生价值问题的重大体现。潘晓的"主观为自己,客观为他人"价值观念之所以引起当时众多青年人的共鸣,是有着深刻的社会历史原因的,是这一代青年的切身体验与萨特的存在主义、尼采的唯意志论等产生了共振。刚从"十年文革"的动乱中走过来的中国青年,在过去的岁月里非理性的信仰与冲动和极左的道德说教留给他们的历史教训是刻骨铭心的。价值观方面不知所从,新旧体制开始转型也使他们的道德价值取向面临着巨大困惑。这种梦醒后的"茫然感"促成了80年代初中国一代青年对"自我"的强烈渴求和对个体价值的补救心理。现代西方非理性主义伦理思潮对一切超乎于个人实际之上的偶像、观念和既定价值传统的彻底否定,迎合了经过"文革"之后,正经历着"信仰崩溃"、精神磨难的中国青年一代的心理,满足了部分青年要求寻找自我、实现自我的渴望。①

尽管我们要客观地承认,西方伦理思潮的传入对中国青年道德价值观念的发展具有开阔视野、更新观念、锻炼批判能力等积极影响,但是其消极方面的影响也很大。它助长了青年人的道德虚无主义态度,漠视人类道德发展的历史连续性和继承性。这种道德虚无主义是对民族传统道德文化的一种否定,影响了对民族传统道德的批判继承。

二、20世纪90年代倡导继承中华民族优秀传统道德

党的十一届三中全会以后,面对新的历史机遇和时代要求,面对社会转型期民众价值观念多元化的现实国情,党和国家出台了一系列的政

---

① 万俊人:《试析现代西方伦理思潮对我国青年道德观念的冲击》,《中国社会科学》,1989年第2期

策、法规对精神文明建设进行指导,也通过开展广泛的全民性活动提高了人们的精神道德风貌,整个社会对思想道德建设的认识、对中华民族传统道德的认识都在逐渐深化。

(一)党中央关注精神文明建设,倡导继承优秀传统道德

道德建设是精神文明建设的重要内容之一。1979年9月29日,叶剑英同志《在庆祝中华人民共和国成立三十周年大会上的讲话》中首次提出了"社会主义精神文明"的科学命题,明确指出,除"革命道德风尚"之外,社会主义精神文明还包括教科文卫、崇高的革命理想和丰富多彩的文化生活等内容。

1981年,全国广泛开展"五讲四美三热爱"活动,此后这项活动在全国范围内迅速展开。中共中央、国务院于1982年3月建议并倡导开展第一个"全民文明礼貌月"活动,广泛宣传"五讲四美"的丰富内容,广大人民群众热情参与、普遍接受。1982年邓小平同志提出"两手抓,两手都要硬"的战略思想和培养社会主义"四有"新人。1982年12月,新修订的《中华人民共和国宪法》规定要加强社会主义精神文明建设,并重申"五爱"为中国公民的五项基本道德规范。1986年9月,党的十二届六中全会通过的《中共中央关于社会主义精神文明建设指导方针的决议》首次明确提出,"社会主义道德作为人类文明中道德发展的新境界,它必然要批判地继承人类历史上一切优良道德传统,并要同各种腐朽思想道德做斗争"。这是新时期社会主义精神文明建设的纲领性文件。

尽管从改革开放一开始,邓小平同志就强调两个文明一起抓的战略方针,党的历次重要会议上也做出一系列重大决定,并展开了各方面的工作。但是,在实践过程中,两个文明一起抓的方针并未得到理想的落实。因此,20世纪80年代末面对一部分人的思想骚动,邓小平同志指出,"十年最大的失误是教育,主要是思想政治教育削弱了,一手比较

硬、一手比较软"①。针对这些现象，在加强精神文明建设的过程中，1991年江泽民同志在庆祝中国共产党成立80周年的大会上讲话指出，"我国几千年历史留下了丰富的文化遗产，我们应该取其精华、去其糟粕，结合时代精神加以继承和发展，做到古为今用"。1996年10月，党的十四届六中全会通过《中共中央关于加强社会主义精神文明建设若干重要问题的决议》指出，"我们进行的精神文明建设……是继承发扬优良传统而又充分体现时代精神、立足本国而又面向世界的精神文明建设"。1997年党的十五大报告指出："建立立足中国现实，继承历史文化优秀传统、吸取外国文化有益成果的社会主义精神文明。"在这一时期一系列的政策文件中，我们党和国家都开始强调，在社会主义道德建设过程中应重视继承中华民族的传统美德和近代以来的革命道德传统。

（二）学术界兴起国学热，拟议新道德

"文革"刚结束以后的1980年代，中国社会出现了一股"文化热"，追根溯源，这是对十年"文革"所造成的社会动荡、思想僵化、人性扭曲及文化的严重破坏等痛定思痛后的全面反思。当时也有一些对于中国传统文化进行研讨的团体相继产生，并且影响很大。比如，1984年10月，由著名学者冯友兰、梁漱溟、张岱年、朱伯崑和汤一介等几位教授共同发起创建的中国文化书院在北京成立，旨在通过对中国传统文化的研究和教学活动，继承和弘扬中国的优秀文化遗产。中国文化书院至今都有广泛的社会影响。但是，在1980年代国门初开的整体社会环境中，来自西方社会思潮的影响似乎更大，所以，当时在更多的年轻人心中"文化热"的主题基本还是否定传统。进入1990年代后，思想界、学术界"国学热"兴起，则是对20多年改革开放及全球化进程中所带来的各方面的发展，以及与这种发展同步出现的负面效应的一种全

---

① 邓小平：《邓小平文选》第3卷，北京：人民出版社，1993年版，第290页

球性的、社会的、心理的、精神的乃至文化的全面反应。① 而同时，在工具价值指导下的工业文明发展形态面临越来越多的问题，一些西方学者开始提出"思维方式的变革要到东方文明中寻找动力"的观点，得到较为普遍的赞同。不少学者认为，亚洲儒家文化圈内"四小龙"的经济腾飞现状充分说明儒家思想对实现社会生产生活的现代化具有积极推动作用，进而更有人提出"儒家的价值观和思想，不仅与现代资本主义的实质相互协调，而且前者还包含着后者产生的原因或动力"。与此同时，经过20多年的改革开放后，尽管现实中还存在许多棘手的社会问题，但在短短20多年间取得的巨大成就更令人惊叹。因此，这一时期思想文化界出现的"国学热"基本主题是"肯定传统"，主张以民族传统文化为本位，发掘优秀传统文化资源，兼收西方现代"新知"，发扬光大中国特色的传统文化，以对抗西方文化霸权。这是中华民族传统道德在当代社会得以新生的重要表现，同时也充分说明，经过20多年的改革开放，中国开始逐步走向文化自觉、自信与注重文化软实力建设的时代。

传统国学是一个非常宽泛的概念，很难一言界定，但是，传统道德是其重要内容之一是公认的。社会主义道德建设不是无源之水、无根之木，必须根植于源远流长几千年的道德传统之中。冯友兰先生的抽象继承法、吴晗的批判继承论都是对这个问题的探讨，只是在极左思潮影响下没有能够对此进行更理性的思考和对待。

20世纪90年代，在国学热思潮的推动下，学者们再次开始了构建社会主义新道德的探索。张岱年教授1992年在《试论新时代的道德规范建设》一文中提出，新时代的道德原则应该是：为人民服务，爱国主义，社会主义的集体主义，以及社会主义的人道主义。在基本道德原则指导之下，还应培育一系列具体道德规范，即"新时代道德规范"

---

① 李中华：《对"国学热"的透视与反思》，《理论视野》，2007年第1期

的"九德"：公忠、仁爱（任恤）、信诚、廉耻、礼让、孝慈、勤俭、勇敢、刚直。上述"九德""有循于旧名"，而"加以新的诠释"，"新"即是说这些道德规范都包含新时代的要素和"人民"内涵。例如，"公忠"即"忠于祖国、忠于民族、忠于人民"，这是社会主义新时代最重要的道德。因为在真正的大同世界尚未实现之前，保证民族独立、维护民族尊严的爱国主义感情和行为都是必不可少的。"信是任何时代、任何社会所必须遵守的道德。社会主义社会，人与人之间，更应守信。""孝的道德加以适当的改造，仍应保持下来，要取消绝对服从的意义，发扬爱敬父母的意义。父慈子孝，仍属必需。""廉耻是人民群众最重视的道德，最具人民性。""勤俭是几千年人民群众所恪守的道德，不因时代变化而改易。""勇更为新时代所必需。"刚直即"坚持主体的自觉性而决不屈服外力的压迫。这种刚直的品德，是新时代所必须发扬的。"伦理学家罗国杰教授提出道德继承的总原则是"批判继承，弃糟取精，综合创新，古为今用。"四者之间的关系为："'批判继承'是总原则，'弃糟取精'是一重要要求，'综合创新'是总的趋向，'古为今用'是总目的。"① 根据这个原则，罗国杰先生充分肯定了中国传统道德的当代价值。他认为中国优良传统道德，概括起来主要有五个方面的内容。一是强调为民族为国家为社会的"公忠"道德，提倡国人"国而忘家、公而忘私"的整体主义精神。二是推崇宽容仁爱，倡导明礼诚信，强调和谐理念。如"厚德载物""仁者爱人""己所不欲，勿施于人"等。三是重视伦常关系，强调人伦责任。如"父义、母慈、兄友、弟悌、子孝"等。四是追求"止于至善"的理想人格和无私无畏的高尚境界。如"杀身成仁""舍生取义"等。五是强调修身养性，提倡克己慎独，注重道德理论与道德实践、道德认识与道德行为

---

① 罗国杰：《继承发扬中华民族优良道德传统，创造出人类先进的精神文明》，《哲学动态》，1993年第11期

的统一。如"人皆可以为尧舜""慎独""知耻"等。① 这些优秀传统道德对我们当前构建社会主义和谐社会,建立市场经济体制下的道德秩序仍然有典型的借鉴作用。罗国杰先生还在其主编的《中国传统道德》的多卷本《规范卷》中把中国传统伦理道德规范分为四个大的部分。其中第一部分是基本道德规范,有公忠、正义、仁爱、中和、孝慈、诚信、宽恕、谦敬、礼让、自强、持节、知耻、明智、勇毅、节制、廉洁、勤俭、爱物。除此之外,还有很多学者都在探索那些渗透在社会生活的各个领域、在中华民族发展史上源远流长、具有民族性、共同性、继承性的道德规范,并进一步探讨了它们在当今时代的价值和意义。

三、21世纪以来倡导弘扬中华民族传统美德

进入21世纪以来,随着我国改革开放的进一步深化,党和国家对于中华民族传统道德的认识愈趋理性与科学,流传千年的传统道德逐步进入了一个科学发展阶段,也即从理论到实践,我们都开始在更高的起点上对中华民族传统道德的精华内容进行当代环境下的创造性转化、创新性发展。

(一)党中央高度关注社会道德建设,倡导弘扬传统美德

2001年9月,《公民道德建设实施纲要》提出,公民道德建设要坚持继承优良传统与弘扬时代精神相结合的原则,继承中华民族几千年形成的传统美德,并首次明确指出了"爱国守法、明礼诚信、团结友善、勤俭自强、敬业奉献"的基本道德规范要求。2002年11月,党的十六大报告提出要"建立与中华民族传统美德相承接的社会主义思想道德体系"的战略任务。2004年9月,《中共中央关于加强党的执政能力建设的决定》第一次鲜明地提出和阐述了"构建社会主义和谐社会"的

---

① 罗国杰:《建设社会主义道德体系的几个问题》,《思想理论教育导刊》,2013年第6期

科学命题，并将其作为加强党的执政能力建设的五项任务之一提到全党面前，这是对我国历史上源远流长的传统"贵和"思想的直接继承。2006年3月，胡锦涛同志提出，要引导广大干部群众特别是青少年树立"八荣八耻"的社会主义荣辱观。荣辱观念其实就是一种道德观念，是对中国传统知耻文化的直接继承，同时被赋予了新的时代内涵。2006年10月，党的十六届六中全会通过的《中共中央关于构建社会主义和谐社会若干重大问题的决定》提出了"社会主义核心价值体系"的概念，并指出"弘扬我国传统文化中有利于社会和谐的内容，形成符合传统美德和时代精神的道德规范和行为规范"。2007年党的十七大报告指出，"中华文化是中华民族生生不息、团结奋进的不竭动力"。2011年10月，《中共中央关于深化文化体制改革推动社会主义文化大发展大繁荣若干重大问题的决定》确立了建设社会主义文化强国的总体要求，并指出："文化是民族的血脉，是人民的精神家园。""要深入开展社会主义荣辱观宣传教育，弘扬中华传统美德，推进公民道德建设工程。"2012年党的十八大报告提出，要弘扬中华传统美德……"积极培育和践行社会主义核心价值观"。社会主义核心价值观的内容，如和谐、文明、爱国、诚信、友善等都与中国优秀传统道德密切相关。2017年10月，党的十九大报告进一步指出，"深入挖掘中华优秀传统文化蕴含的思想观念、人文精神、道德规范，结合时代要求继承创新，让中华文化展现出永久魅力和时代风采"。2019年10月中共中央、国务院印发了《新时代公民道德建设实施纲要》，明确指出：中华传统美德是中华文化精髓，是道德建设的不竭源泉。要以礼敬自豪的态度对待中华优秀传统文化，充分发掘文化经典、历史遗存、文物古迹承载的丰厚道德资源，弘扬古圣先贤、民族英雄、志士仁人的嘉言懿行，让中华文化基因更好植根于人们的思想意识和道德观念。深入阐发中华优秀传统文化蕴含的讲仁爱、重民本、守诚信、崇正义、尚和合、求大同等思想理念，深入挖掘自强不息、敬业乐群、扶正扬善、扶危济困、见义勇为、孝老爱亲等传统美德，并结合新的时代条件和实践要求继承创新，充分彰显其时代价值和永恒魅力，使之与现代文化、现实生活相融相通，成为全体人民精神生活、道德实践的鲜明标识。

党的十八大以来，新一届中央领导集体对中国传统文化包括优秀传统道德的重视前所未有。2013年3月习近平总书记讲话指出："中国传统文化博大精深，学习和掌握其中的各种思想精华，对树立正确的世界观、人生观、价值观很有益处。"2013年8月19日，在全国宣传思想工作会议上习近平总书记说："要讲清楚中华优秀传统文化是中华民族的突出优势，是我们最深厚的文化软实力。"2013年9月26日，在会见第四届全国道德模范及提名奖获得者时，习近平总书记提出，为实现中华民族伟大复兴的中国梦凝聚起强大的精神力量和有力的道德支撑。2013年11月26日，习近平总书记在山东考察时指出："国无德不兴，人无德不立"，并提出"对历史文化特别是先人传承下来的价值理念和道德规范，要坚持古为今用、推陈出新，有鉴别地加以对待，有扬弃地予以继承。"2014年2月24日，习近平总书记在中共中央政治局第十三次集体学习中讲到："中华传统美德是中华文化精髓，蕴含着丰富的思想道德资源。"关于中华民族优秀传统道德与社会主义核心价值观的联系，习近平总书记认为，要"深入挖掘和阐发中华优秀传统文化讲仁爱、重民本、守诚信、崇正义、尚和合、求大同的时代价值，使中华优秀传统文化成为涵养社会主义核心价值观的重要源泉。"2014年9月，习近平总书记参加纪念孔子2565周年诞辰国际学术研讨会，并讲话指出：中国优秀传统文化的丰富哲学思想、人文精神、教化思想、道德理念等，可以为道德建设提供有益启发。2016年5月，在哲学社会科学工作座谈会上习近平总书记讲话强调：要加强对中华优秀传统文化的挖掘和阐发，使中华民族最基本的文化基因与当代文化相适应、与现代社会相协调，把跨越时空、超越国界、富有永恒魅力、具有当代价值的文化精神弘扬起来。在庆祝中国共产党成立95周年大会的讲话中，习近平总书记对文化自信特别加以阐释，指出"文化自信，是更基础、更广泛、更深厚的自信"。2017年10月，习近平总书记在十九大报告中更是明确发出"坚定文化自信"的号召，"文化自信"被正式写进《中国共产党章程》。这种鲜明的观点、坚决的态度都阐释出这既是文化理念又是指导思想。文化自信成为继道路自信、理论自信和制度自信之后，中国特色社会主义的"第四个自信"。中国共产党作为中国先进文化的积极引领者和践行者、作为中华优秀传统文化的忠实传承者和弘扬者，正以更加自信的姿态，坚持"和而不同、兼收并蓄"的理念，坚持与不同文明之间进行对话，让世界人民感受优秀传统中华文化的魅力。

（二）学术界国学热持续升温，尝试重建道德信仰

开始于20世纪90年代的国学热，进入21世纪以来持续升温并进一步蔓延。这股热潮在教育领域体现得最为明显：一是在高等学校内部开始的国学研究，二是在中小学校园里兴起的经典诵读活动。2002年，中国人民大学成立高校内第一所以孔子命名的学院——孔子学院，该学院以儒学研究与国际学术交流为主，在广泛的学术研讨中推动了儒家思想研究的深入。2004年，在教育部支持下，由北京大学主持的"《儒藏》编纂与研究"工程正式启动，此项规模浩大的工程完成后，预计其规模将远远超过《四库全书》。中国人民大学于2005年正式成立"国学院"并开始招生后，国内高校国学院的设置如雨后春笋般发展起来。其后，各类宣传媒体对国学的关注也越来越多，受众面也越来越大。2006年1月，《光明日报》正式推出"国学版"，全面讨论有关国学的各类问题，及时刊发有关的文化学术动态。2009年7月，中央电视台第三频道（综艺频道）开设"开心学国学"栏目，中央电视台科教频道以普及优秀中国传统文化为目的的《百家讲坛》红遍了大江南北。最近几年，中央电视台陆续推出的《汉字听写大会》《中国成语大会》《中国诗词大会》等活动更是备受欢迎。高校的热情、政府的鼓

励、媒体的宣传，使得对传统文化的研究与传播越来越普遍。在中小学校园兴起的诵读经典活动，十多年来也由最初的民间行为逐渐转变为政府有关部门的积极参与和倡导。中国青少年基金会在1998年推出的中华古诗文经典诵读工程，当时由著名学者季羡林、杨振宁、张岱年、王元化、汤一介担任顾问；国学大师南怀瑾担任指导委员会名誉主任，影响甚大。2008年，由中宣部、中央文明办、教育部等六部委联合发出在全国范围内开展"中华经典诵读"活动的号召，得到了全国各地的积极响应和广泛参与。现在中小学诵读经典已经是非常常见、常规的事情。

国学的内容非常庞杂，包括传统道德在内的中华传统文化的内容极为丰富，这其中有落后、反动的封建专制主义思想，也有包含着一定民主与科学的东西，有对美好社会理想的追求，有对和谐社会环境的渴望，有些理念是具有跨越时空的普世价值的。特别是以孔子为代表的传统儒家思想，既有为封建专制社会服务的一面，也有对封建专制体制进行严厉批判、高扬人文关怀的一面。如孔子讲"仁者爱人""己所不欲，勿施于人"；孟子的"民为贵、社稷次之，君为轻"的思想；等等。再如，以"智""仁""勇"为代表的儒家"三达德"，由"仁""义""礼""智""信"组成的社会伦理"五常"，在任何社会都是维持社会和谐稳定的道德伦理基础，是衡量一个人道德文明修养程度的标尺。当前，国家现代化的建设不仅需要民主与科学，更需要高尚的道德及善良的人性，若不承认血缘亲情与普遍的人性的存在，就不可能实现真正的民主与进步。而以儒家文化为主的传统道德文化，其精华之处恰恰正是现代社会发展中所欠缺的高尚的道德追求。弘扬国学，其核心应该是在经历了百年的苦难探索之后，我们在尝试重建中华民族的道德信仰。

第二节 中华民族优秀传统道德是消解当前社会道德困境的智慧支持

四十年来,随着改革开放的进一步深化,在经济高速发展的同时,中国的政治结构以及社会秩序等都处在转型之中而发生了前所未有的变化。社会存在决定社会意识,正处在转型时期的中国,旧的价值体系逐渐被打破,但尚未建立起适应现代社会发展的新的价值体系,这就使得包括道德在内的社会意识形态出现了从未有过的多元、多样、多变的复杂情况。近些年来,涉及食品安全、质量信用、见死不救、责任良知等社会道德底线失守的公共事件时有发生,种种缺德、悖德、失德现象的出现,使民众充分看到了社会道德问题的严重性。同时,这种社会道德状况的恶化又成为建设和完善社会主义市场经济、民主政治的障碍,并严重干扰了中国特色社会主义现代化的建设进程。对此,党和国家早有清醒的认识,从1996年《中共中央关于加强社会主义精神文明建设若干重要问题的决议》,一直到2012年党的十八大报告始终都在强调,一些领域存在道德失范、诚信缺失现象。2017年党的十九大报告指出,社会文明水平尚需提高。

一、当前社会道德困境形成的原因分析

从世界历史的发展来看,出现某些道德困境是社会转型期的必然结果,没有任何一个社会或国家可以幸免或回避这个问题,关键是如何应对,并加以良性治理。目前,中国正处于社会加速转型的关键期,就像一辆加速拐弯的高速列车,车上乘客的感觉必定有些眩晕,有的人甚至没有能够搭上这趟列车。火车既拐弯又加速本身风险大增,这是今天中

国社会和中国人不得不承受之重。① 造成这种道德困境的原因是复杂的,但主要可以从以下几个方面来理解。

(一)社会转型、权威不再引发价值观的混乱

当前,我们正处于由传统的计划经济体制向现代的市场经济体制转型、由传统的熟人社会向现代的陌生人社会转型的时段。古代中国传承、延续了两千多年,以传统道德为核心的价值观念主要是依靠皇权"天命"来维系的,辛亥革命后的中国社会中不仅消灭了皇帝,也推倒了数千年来一直存在的社会最高道德权威、粉碎了传统社会道德秩序稳定存在的基础。百年中国近现代化的探索过程中,也曾有过重回儒家传统道德文化的设想和尝试,但都以失败而告终。最后,历史选择了马克思主义指导下的中国共产党拯救中华民族于危难之时,由此,社会伦理道德建设也就必然开始了从传统向现代的转型。中华人民共和国成立后,高度集中的计划体制下,借助人民的革命热情、建设激情,中国共产党曾经通过广泛的宣传与教化树立起一批辉煌的道德楷模、道德权威,并且取得了社会道德建设的巨大成就。但是,在改革开放、建立市场经济体制的大环境下,曾经政治挂帅、众口一词的道德说教就失去了应有的效力。随着公共生活领域的扩大,公共生活价值观的多元和冲突就不可避免地发生了,当前社会生活秩序与道德秩序的混乱就成为必然。社会转型是一个漫长的过程,在这个过程中,人们的行为方式、生活方式、价值观念等都会随着社会环境的变化而发生明显的变化,由此必然造成人们思想道德观念的混乱而无所适从,这种混乱加剧了转型期社会道德建设的困境。

就具体道德规范的遵守而言,中国古代以儒家道德为核心的传统道德是以血亲为辐射中心一圈圈地放大扩展开来的亲缘关系伦理,注重的是个人品质(私德)的培育。在经济高速发展、现代化进程加剧、公

---

① 万俊人:《道德的力量》,《光明日报》,2013-12-19

共领域日益扩大、公共生活逐渐占主导地位的现代社会环境中,人们一时还无法从由来已久的传统道德习惯中寻求到既定的准则来约束自己与陌生人的行为关系,所以现实中才引发了社会秩序紊乱、价值观念多元化、人际关系紧张、社会公德失范等现象。在经济快速发展的过程中,近些年出现了不少新的"社会单元",包括很多新建的居民小区,邻里之间都很陌生,也许住对门几年了都不知道彼此姓字名谁,完全没有了先前一个大院里、一条胡同里的那种熟络亲热的邻里关系。人们虽然共同生活在一个不大的区域内,但是这已经完全不是传统意义上的"熟人社会"了,而是典型的"陌生人社会",商业利益和地域是人们仅有的连接纽带。人们在这种环境中,不但缺乏社会情感依赖、组织依赖,而且缺乏对他人与社会的关心和互助,同时道德良知的氛围也会相对缺失。

(二)市场趋利、政策激励促成价值理性的消解

市场经济的典型特征就是追逐利润。但是,不能认为人性冷漠、信任危机等道德缺失问题就是市场经济的必然产物,而且我们也要客观地承认,改革开放以来,我国的社会道德建设的巨大进步是更加务实和理性了。在经济发展的进程中,道德逐渐从以往绝对的纯粹的高尚境界走进现实的民众生活中,既对人们合理合法的利益追求加以保护,也对公平、公正、自由、竞争、权利、责任等意识做出了认可和倡导,促进了人的自由、独立和发展,这是一个重大历史性进步。然而,经济活动运行中客观自发的市场规律作为"看不见的手",会渗透到社会生活的各个方面,从而使社会在一定程度上处于盲目无序,甚至无政府的状态,并影响到社会民众的道德价值取向。这种环境中人对物的依赖程度加重,很多人只注重实现人之存在价值的"形而下"的手段与过程,只关心可以衡量的东西带来的物质成果,而忽视了人的存在和生活意义的思考,消解了经济发展的"价值理性",一切崇高的价值、理想都从公

共视野中消失了①。

还有一点，就是当前中国社会普遍存在的逐利求富的现象和心理，在某种意义上也有政策过度激励的部分影响。在"以经济建设为中心"的指导思想下，各级党和政府都多方出台各种政策鼓励、刺激经济致富。而在我国，政策的导向作用，特别是政策的直接激励作用很多时候是胜过法律的。因此，40年来，逐利求富逐渐成了社会上一些人活动的标杆。在某些特定的历史发展时期，将追逐经济利润、追求物质财富的积累确立为一个社会特别发展的目标，是可以理解的，甚至是必要的。就"文革"结束后我国极度贫穷、经济濒临崩溃的客观局面而言，确立以经济建设为中心的发展方向是非常有针对性的可行政策方针，而且也的确收到了明显效果，一部分人在这一政策的鼓励下先行富裕起来，又带动了更多人的物质致富，进而推动了整个社会经济的快速发展，改善、提高了人民群众的生活水平，增强了国家的经济实力。但是，政策保障、鼓励下的这种全民性逐利求富的心理和行动，使政策制定者看到了人民长久以来的愿望和期盼，于是又不断地采取政策措施激励人们合法致富。这样就形成了一种在致富问题上民心与政策的积极互动，一直持续到今天。② 自1992年开始实行市场经济以来，民众逐利求富的心理一方面获得了合法的保障，另一方面也被市场经济本身所蕴含的利益最大化原则所强化。于是，就有人为了实现自己的利益最大化而抛弃一切道德，甚至法律的约束而不择手段，市场经济双刃剑的另一面，即负面效应显露无疑。同时，规范和调节市场经济环境中人们之间利益关系的相应的制度建设又没能很好地配套而行。制度上的缺陷、漏洞或者冲突，都极容易使人们在现实中失去他律的强行约束而走向机会

---

① 闫莉、蒋锦洪：《现代社会道德困境的产生及其消解》，《甘肃理论学刊》，2013年第6期
② 江畅：《我国底线伦理秩序面临的挑战及对策》，《湖北社会科学》，2014年第8期

主义，为了利益而不惜触及社会道德的底线。社会经济在国家政策激励和市场逐利的强烈驱动下快速发展，而价值伦理秩序的发展却没有与之相匹配。因此，传统伦理道德秩序的失序、失范就成为必然的结果。

二、弘扬传统美德是消解当前社会道德困境的重要选择

消解现实的道德困境是现代社会治理的重要组成部分，与社会进步、人的全面发展是有机统一的。现代社会应该是法治社会，依法治国是我们党领导人民治理国家的基本方略，法治在国家和社会治理中应占主导地位。但法治的作用不是万能的，"徒法不足以自行"，如果仅仅依靠法律这种工具性的手段和方式进行社会的底线治理，而缺乏来自上层的价值理念方面的引导，是不可能构建健康和谐的社会氛围的。真正的良法应该内含道德的追求，良法后的善治更须同仁政德治紧密结合。2014年10月13日，在主持中共中央政治局第十八次集体学习时，习近平总书记强调指出，历史是最好的老师。我国古代主张礼法合治、德主刑辅，为政以德、正己修身，等等，都能给人们以重要启示。因此，解决当前社会中所面临的道德困境问题，我们不仅需要完善现代法治建设，更需要回头从历史上德性中国的传统美德中寻找内在的价值支撑，以及超越时空的精神基因和文明密码。

当前推进中国特色社会主义道德建设、消解社会道德困境的一个重要选择就是继承和弘扬中华民族的优秀道德文化传统。因为不忘历史才能开辟未来，善于继承才能善于创新。中华民族优秀传统文化中所蕴藏的丰富的道德资源、完整的德行人格理想和健全的道德准则体系，都是现代道德建设的历史资源和宝贵财富。这个继承和弘扬的过程既包括社会主义道德建设要植根于中华民族的优秀道德传统之中；还包括在继承和弘扬中华民族优秀道德传统过程中自觉地去糟取精。冯友兰先生曾说，人类社会之所以基本存在，必须具有一些基本条件，这些基本条件就是基本的道德规范,而且这些基本道德规范是无所谓新旧与古今的,它们是人类社会生存与发展所必需的、超越时代的、不变的道德,比如诚实守信、仁爱和平、正直勤勉等,恰恰都是当前我们进行社会主义道德建设所需要的内容。因此,尽管中国当前所进行的中国特色社会主义道德建设根本不同于古代封建时代的道德体系,但并不能由此而拒绝吸纳封建社会中人类道德发展的优秀和积极成果。再如,重义轻利、以义取利、杀身成仁、舍生取义,反对见利忘义等传统儒家"义以为上"的义利观,突出强调德性、道义才是人之所以为人的根本精神追求,这对于治理和解决当前社会中唯利是图、拜金主义泛滥的道德困境是一个很好的借鉴。当然,传统文化中也有一些与特定社会制度、时代环境有关的道德,随着社会制度的变化而变化,这属于可变的道德,比如忠君,尽管在古代中国它属于至高无上的道德准则,但是在今天则完全不可取了。加强中国特色社会主义道德建设,消除道德危机是当前中国必须解决的社会性问题。从传统的德性文化中吸取借鉴传统儒家注重整体、强调人伦、讲求诚信、追求和谐、崇德重义等这些超越时代而不变的永恒性的道德观念,是我们消解当前社会道德困境、进行社会主义道德建设必不可缺的丰富多彩的民族传统资源。因为,任何一个国家的治理体系和治理能力都是与这个国家的历史传承和文化传统密切相关的,解决中国的问题只能在中国大地上探寻适合自己的道路和办法。

三、党和国家的道德教化、政策引导应是当前道德建设的主导力量

中国古代传统社会是典型的以道德为核心的德性社会,但古代社会无处不在的道德并不都是美好的先进的,也不能据此认定古代社会具有道德上的先进性。历史已经证明,传统社会绝不是人类社会的黄金时段,更不是道德完满的黄金时代。但是,中国古代传统社会的核心道德数千年延绵不断的传承中基本统一了民众的价值追求、维护了稳定的社

会结构，前面第四章中已经充分探究了其传承过程中古代国家政权的明确政策引导作用，这对当前的社会道德建设是一个重要启示。

1978年实行改革开放，建立社会主义市场经济体制后，我国先前几十年中以高度集中的方式统领社会思想道德和文化建设的局面已经发生了巨大变化。在此环境下，社会的一定范围内不可避免出现了有关价值、信仰、意义和理想的真空，现实社会中就表现为民众看得见的社会道德滑坡和社会精神空虚等各种道德危机现象。这是在社会转型过程中，伴随着价值多元化而来的价值相对主义和虚无主义的典型体现。也就是说，对大部分社会民众个体而言，在面对眼花缭乱的多元价值存在中，似乎没有一种价值是神圣而真正值得追求的。于是，民众对善恶、好坏、对错的看法就越来越宽容和多样了。从一个层面上看，这种宽容是社会进步的表现，但这种宽容如果发展到了在道德判断上是非、好坏、美丑、对错都无所谓的地步，就是一个值得重视的严重社会问题了。华东师范大学中国现代思想文化研究所就当代中国人的精神生活在全国做了一个抽样调查，对其中"你是否同意，人们的价值观各不相同，没什么好坏对错之分"这个问题的回答，竟然有将近六成的受访者表示同意。[①] 因此说，价值多元从形式上看似乎为民众提供了多元的目标和可能性，进而使民众获得了精神、思想上的自由和解放；其实从本质上分析的话，价值多元化则是为个体放弃自身的道德责任和道德义务提供了充足的理由，甚至因此而相互否定。社会道德共识的达成、社会道德风尚的形成必须有每一个社会个体具体道德品行的支撑，这时，如果政府部门不能承担起自身应承担的道德教化、引导等责任，就将使社会的公共生活失去最起码的道德基础。党和国家必须旗帜鲜明地将自己奉行的价值追求和道德理想通过具体措施而进一步社会化、制度化。

---

① 刘森林：《虚无主义的历史流变与当代表现》，《人民论坛学术前沿》，2015年第10期

因此，在社会道德建设和治理中，党和国家承担道德教化、引导推动等责任是一个社会实践问题，而不是一个理论上的假设。中国古代传统道德的传承中，历代统治者高度重视道德建设、大力推行道德教化是社会核心道德传承不断的一个非常重要的保障因素。尽管古代统治者重视道德建设、推行道德教化主观上是为了维护其统治地位、等级秩序，但客观上也确实营造并代代传承了中华民族独特的浓厚的道德氛围。在当前我国的社会道德建设中，前面已经列数的国家为此出台的一系列的政策、文件等都在强调"国无德不兴，人无德不立"的重要性，党和国家在当前社会道德建设中的主导作用和地位无可替代。

四、以法辅德的奖惩机制、制度建设应是当前道德建设的重要手段

人是"一种制度里的公民"，个人具体的道德行为取向和国家的制度设置密切相关。目前我国所面临的社会道德困境，与我国市场经济的兴起和迅速发展过程中相关制度不够健全和完善有密切关系。《公民道德建设实施纲要》也指出："公民良好道德习惯的养成是一个长期、渐进的过程，离不开严明的规章制度。"蕴含高尚道德价值追求的法律制度的出台将利于人们的道德行为的正向选择与实施，而现实中制度的漏洞、冲突和多变、缺陷等现象的普遍存在，就使问题走向了反向。思想道德教育对社会道德建设是非常重要的，尽管一般认为，树立和弘扬良好的社会道德风尚，主要是依靠正面的思想教育、舆论宣传和文化活动熏陶等软性手段或方法。但是，其有效性是以个体道德信仰的相对统一和各种社会利益关系、利益矛盾得到合理的协调和解决为前提的。在社会转型期，个体对于社会现实生活的认识和感受不同，道德信仰的程度差异也就很大。因此，要形成能够促进个人和社会良性发展的道德风尚，就有必要将市场经济的某些普遍的道德要求提升为法律要求，依靠法制的强制约束来保证一定社会道德的普遍遵守。因为，道德的底线是法律，通过一定领域的道德立法扬善惩恶，能进一步增强社会道德建设的确定性和可操作性，改变以往说教空洞、实效甚微的道德建设局面。没有制度的强制性保障，道德风险将会大大增加，普通民众往往会面对"德福背离"现象，看到"英雄流血之后又流泪"，就会使人们因遭遇道德矛盾、道德挫折而产生道德冷漠；没有制度的强制性约束，失德违规成本将大大降低，这时人就容易放松自我道德约束而走向机会主义，为不良道德行为的出现提供滋生的土壤和空间。中国古代"以法辅德""礼法合治""纳礼入法"等贯穿封建社会两千多年的治国方式，在很大程度上解决了孟子曾经提出的"徒法不足以自行，徒善不足以为政"的难题，对当前的社会道德建设仍有重要的借鉴意义和启示。

当前社会道德建设中制度设置主要应在两个方面着力。一是立法扬善，为见义勇为等道德行为保驾护航。近年来，关于见死不救、见义不为等道德冷漠现象的讨论不绝于耳。见义不为、见死不救的原因是很复杂的，但是实践中缺乏制度的有力保障是不容忽视的一个重要原因。吴潜涛教授负责的"当代中国公民道德状况调查"课题调查显示，有71.73%的受访者认为社会保障机制欠缺是社会上缺乏见义勇为的最主要原因。由此可见，对见义勇为缺乏统一的、具体的立法保障，不能解决后顾之忧，是所谓"见死不救"存在的主要原因。见义勇为后身负重伤、缺乏或失去劳动能力的情况下，高额的治疗费和家庭日常生活费用成了见义勇为者的沉重负担，有的甚至不得不举债治病维持生存。鉴于此，通过统一立法提高褒奖标准，保护见义勇为者的切身权益，扫清人们的后顾之忧，让英雄流血以后别再流泪，可能会使更多的人真正发自内心地去做一件善事。二是立法惩恶，为腐败失信等违规行为掘墓。英国著名学者阿克顿的"绝对的权力意味着绝对的腐败"一直被奉为公理，这一论断警示了进行权力约束的重要性。透视我国当前的政治生活，封建社会的"官本位""一言堂""权力至上"的思想依然盛行。孔子在《论语·颜渊》中说："政者，正也。子帅以正，孰敢不正？"

但个别官员以权谋私、特权腐败以及道德堕落,损害民众的根本利益,不仅导致社会道德共识丧失和系统性的政治信任危机,更让人对政治道德产生怀疑,这是社会转型期民众普遍关注的道德滑坡问题之一。因此,制度的某种功能性紊乱和缺失及不受制约的权力,成为道德沦丧的渊源。2013年1月22日,习近平总书记在中国共产党第十八届中央纪律检查委员会第二次全体会议上发表重要讲话提出:"要加强对权力运行的制约和监督,把权力关进制度的笼子里,形成不敢腐的惩戒机制、不能腐的防范机制、不易腐的保障机制。"把权力关进制度的笼子里,这是对权力与制度关系的形象概括,也是回归权力本质的必然要求。也就是说,通过严格立法约束政府公务人员的行为,这是当前我国道德建设法治化的关键环节。同时,通过经济商业伦理道德的立法重罚失信行为也是保障和促进道德建设的重要一环。市场经济条件下,诚信是进行商品与劳务交换的基础。但近年来,我国企业失信行为接二连三,社会影响巨大,究其原因,绝大部分都是明知故犯,在利益的面前铤而走险。企业作为市场经济的主体,追求利润是其本性,一个企业通过计算明确失信的成本较低而利润收益较高时,它就可能选择失信。所以,要想有效抑制企业的失信行为,仅靠企业的自律是完全不够的,必须建立起统一的严格的法律惩戒机制。同时,我们还应该清醒地看到,社会道德建设不仅仅需要树立道德榜样和向其学习,而且需要社会各方合力参与其设计与传承创新,是一个全方位的系统工程。中国古代传统道德历经千年的历史依旧生生不息,其促成了中华民族具有典型德性特质的文化传统,其中,国家、社会和家庭在道德教化上的高度一致是其关键性因素。因此,当前只有在国家政府主导之下,形成家庭、学校和社会三位一体的严密一致的结构体系,齐抓共管,社会道德建设才能逐步取得可见的实效。

总之,在改革开放进一步发展、深化,社会由传统到现代的转型过程中,价值观的多元化已成为客观的现实,我们必须正视由此带来的社会秩序混乱、道德失范、信任缺失等社会道德困境的存在。在消解社会道德困境、加强社会主义道德建设的进程中，继承和弘扬优秀传统道德，在中国古代传统道德的传承原因中探讨当前社会道德建设的着力点，是传统对现代的必然启示。

第三节 中华民族优秀传统道德是实现中华民族伟大复兴的价值支持

党的十九大报告指出，文化是一个国家、一个民族的灵魂。文化兴国运兴，文化强民族强。没有高度的文化自信，没有文化的繁荣兴盛，就没有中华民族的伟大复兴。"国无德不兴，人无德不立。"怎样才能"引导人们向往和追求讲道德、尊道德、守道德的生活，让13亿人的每一分子都成为传播中华美德、中华文化的主体"？这是当前实现中华民族伟大复兴的中国梦的过程中必须要回答的重大现实问题。发展社会主义先进文化，就是要不忘本来、吸收外来、面向未来，更好地构筑中国精神、中国价值、中国力量，为人民提供精神指引。在这个过程中，我们必须认清中华传统美德是中华文化的精髓与核心，要"认真汲取中华优秀传统文化的思想精华和道德精髓，深入挖掘和阐发中华优秀传统文化讲仁爱、重民本、守诚信、崇正义、尚和合、求大同的时代价值"。这是不容回避的五千年中华旧邦之中国特色社会主义现代化建设的新命。

一、追求中华民族的伟大复兴是中国旧邦之新命

冯友兰先生在1946年为西南联大作的纪念碑碑文中写道："我国家以世界之古国，居东亚之天府，本应绍汉唐之遗烈，作并世之先进。将

来建国完成,必于世界历史,居独特之地位。盖并世列强,虽新而不古;希腊、罗马,有古而无今。惟我国家,亘古亘今,亦新亦旧,斯所谓'周虽旧邦,其命维新'者也。"① 这是说,中国作为一个历史悠久的文明古国,文化的传承没有中断、国家的承继没有消亡,既有"旧邦"的连续发展,又有从古代到现代的"新命"延续。1982年在接受哥伦比亚大学授予名誉文学博士的仪式上,冯友兰先生再次谈到对"旧邦新命"的进一步理解:"我生活在不同的文化矛盾冲突的时代……我经常想起儒家经典《诗经》中的两句话:周虽旧邦,其命维新。'就现在来说,中国就是旧邦而有新命,新命就是现代化。我的努力是保持旧邦的同一性和个性,而又同时促进实现新命。"这和20世纪50年代他曾经提出的道德的抽象继承思想是一致的,都是在思考和研究古老的中国正面对"数千年未有之变局",如何才能在社会的不断发展和变化中更好地传承、弘扬中华传统文化的精神内核,进而在建设中国特色社会主义现代化的新命中,让传统文化的精华能继续发扬光大。

回顾中国的漫长历史发展不难发现,"旧邦新命"是从五千年历史沧桑中走来的现代中国的典型特点。近代以来,很多思想家终生都背负着"阐旧邦以辅新命"的民族责任感和历史使命感,力图对历史悠久的文化传统溯源究流,然后择其善者而从之,其不善者而改之。从之与改之就是继承与创新的有机结合,唯有如此,才能真正体现出民族的特色和文化的发展。"旧邦新命"实质上就是"中华民族的现代复兴"问题,这一主题的界定是和中国作为一个独立的民族国家近代以来从落后挨打中奋起的历史,和中华文化作为世界最悠久的文化之一从落寞萧条中振兴的历史紧密相连的。2013年9月习近平总书记讲话指出:"道德是社会关系的基石,是人际和谐的基础,要始终把弘扬中华民族传统美德、加强社会主义思想道德建设作为极为重要的战略任务来抓,为实现

---

① 冯友兰:《三松堂自序》,北京:人民出版社,1998年版,第349页

中华民族伟大复兴的中国梦提供强大精神力量和有力道德支撑。"因此，在实现民族复兴的中国梦过程中，中华民族代代相传数千年的优秀传统道德也就直接面临着建设中国特色社会主义、实现现代化的"新命"，要为中华民族的伟大复兴提供强大精神力量和有力道德支撑。传统道德是一个庞大的体系，对其中超越阶级、超越时代的精髓"常道"要"从之""改之"，继承、弘扬、进而创新发展，而对那些"陈旧过时或已成为糟粕性的东西"要坚决予以抛弃。同时，在中国特色社会主义道德、文化的建设过程中，还要增加那些普遍的"跨越时空、超越国度、富有永恒魅力、具有当代价值"的道德文化内容，以期真正实现传统文化的创造性转化、创新性发展。

当前我们建设中国特色社会主义道德和文化过程中，吸取与借鉴历经数千年流传的传统道德资源，主要应吸取其中治国理政、移风易俗、道德教化的哲学智慧和人生伦理智慧，着重关注它对当前中华民族精神塑造的思想文化功能，并尝试与中国传统文化中的多种智慧相结合，为民族复兴过程中文化强国的建设提供价值理念的支持。我们不能像历代封建王朝那样只看重其严密论证等级制度合理性、严格维护既定社会秩序的在古代社会一直挥之不去的浓重的政治职能。北大哲学系王博教授认为，我们在旧邦中迎接新命，但新命也必须奠基在旧邦之上。在这样的理解之下，传统思想的意义会更加突出。过去有效地支撑了传统中国，并塑造了中国人心灵和生活世界的那些核心观念，在经过了创造性转化后，或许仍然有能力回答当代中国和世界提出的问题。①

二、中华民族优秀传统道德是中国深厚的文化软实力

20世纪90年代初，美国哈佛大学教授小约瑟夫·奈最早提出了

---

① 王博：《旧邦新命与新命旧邦》，《光明日报》，2012-10-6

"软实力"（Soft Power）的概念，就是指意图通过文化吸引力、道德感召力、价值理念同化力等来影响、说服别人相信和同意某些行为准则、价值观念和制度安排等，从而获得理想结果的能力。文化的力量相对军事、经济、政治等硬性力量而言是柔性的，被人们称作文化软实力。文化软实力是国家软实力的核心要素，近年来全球化浪潮发展迅速，文化软实力在国际竞争中占据的地位和发挥的作用都越来越重要。2013年12月，习近平总书记指出，提高国家文化软实力，关系"两个一百年"奋斗目标和中华民族伟大复兴中国梦的实现。从历史的发展看，中华民族优秀传统道德及其在历史上形成的广泛而深刻的影响力，正是中华文化软实力及其价值和魅力的典型体现。因此，以道德为核心的中华优秀传统文化是我们最深厚的文化软实力，也是中国特色社会主义植根的文化沃土。

（一）以道德为核心的传统文化造就了古代中国超强的文化软实力

2007年，党的十七大报告首次在党的文件中提出文化软实力的概念，并强调指出："当今时代，文化越来越成为民族凝聚力和创造力的重要源泉、越来越成为综合国力竞争的重要因素"，"要提高国家文化软实力"。十八大报告更加明确指出："增强文化整体实力和竞争力。文化实力和竞争力是国家富强、民族振兴的重要标志。"十九大报告指出：文化是一个国家、一个民族的灵魂。文化兴国运兴，文化强民族强。没有高度的文化自信，没有文化的繁荣兴盛，就没有中华民族伟大复兴。要坚持中国特色社会主义文化发展道路，激发全民族文化创新创造活力，建设社会主义文化强国。文化软实力的概念尽管是最近一些年才提出的，但是作为一种社会力量，它是伴随着人类文明的诞生而诞生的。例如，中国远古传说中的黄帝、尧、舜，都是被后人无限景仰的神圣伟人，也一直都是后世做人、治国的典范。后来者大都醉心于仿效他们治理国家和社会的基本思路和具体的方式方法，主要就是因为他们始终坚持以德性威服四方之民，在无意识中已经逐渐形成了当时强大的文化软实力。至今仍让人们津津乐道的2000多年前先秦时期的百家争鸣,被盛赞为人类文明的轴心时代,恰恰也是因为春秋战国时期各国间的争霸,搭建起了一个能够张扬个性与自由、充满竞争与创造精神的开放的社会平台,这也是一种典型的文化软实力。中国古代不靠武力,而是依靠自身的强大和道德的推行威服四方,充分阐释了得人心者得天下的道理。到汉唐时期,中华大地能使四方来朝的博大胸怀和开放风度,也同样是来自汉唐文化的强大凝聚力、吸引力、创造力和感召力,令人高山仰止。

中华民族根深蒂固、深入骨髓的道德传统是成就中国古代强大的文化软实力的关键因素,中华民族优秀传统道德经过创造性转换和创新性发展也完全可以和现代社会相契合,成为现代社会发展中的价值导引。英国著名学者罗素20世纪20年代初到中国访问后,写成《中国问题》一书,其中认为中国人如能对我们的文明扬善弃恶,再结合自身的传统文化,必将取得辉煌的成就。儒家传统文化对亚洲地区的影响更是潜移默化,是推动亚洲一些国家和地区经济发展与社会进步的力量源泉,"亚洲四小龙"的崛起无一不深受儒家传统伦理思想的影响。一些学者在研究日本企业与西方企业的不同特点时发现,克己重群的道德理念是日本企业高效率的根本原因,日本员工对企业有着强烈的归属感和责任心,经理与职工、职工与职工之间有一种西方企业所少见的团结合作精神,企业成为所有员工的"命运共同体"[①]。正像习近平总书记所说:"中华文明,不仅对中国发展产生了深刻影响,而且对人类文明进步作出了重大贡献。……包括儒家思想在内的中国优秀传统文化中蕴藏着解决当代人类面临的难题的重要启示。"

---

① 陈来等:《让道德软实力激发正能量——专家学者谈"实现中华传统美德的创造性转化"》,《北京日报》,2014-3-10(18)

（二）优秀传统道德的世代传承是提高现代中国文化软实力的重要根基

从党的十七大报告提出"文化软实力"开始，提升国家文化软实力就已经是实现中华民族伟大复兴的新的战略着眼点。习近平总书记认为提高国家文化软实力，要"从思想道德抓起，从社会风气抓起，从每一个人抓起"。"中华优秀传统文化是我们最深厚的文化软实力，也是中国特色社会主义植根的文化沃土。"这些论述，为我们从中华民族优秀传统道德世代传承的角度寻找提高当今中国文化软实力的根基提供了重要的理论依据。

以"天下为公"的爱国主义情感为例，两千多年的传承与弘扬，已经使之成为中华民族精神的核心，成就了无数公而忘私的仁人志士，正是他们无私无畏的责任担当才始终维护了国家的统一与发展、文化的延续与传承。在中国传统道德的发展演化过程中，一直有一根关键的主线，即义利之辩、公私之辩。"公义胜私欲"是中国传统道德的根本要求①，始终都在强调为社会、为民族、为国家的整体主义奉公思想。抱石投江的屈原，为奴牧羊的苏武，精忠报国的岳飞，抵抗倭寇的戚继光、郑成功，振兴中华的孙中山，遥寄血书的陈天华，献身抗日的杨靖宇、张自忠，决然回国的钱学森、华罗庚，等等，这些永远刻入中华史册的民族英雄也都是公忠爱国精神的典型体现。中华民族在五千年的历史征程中，饱经内忧外患，历尽兴衰起落，却始终屹立于世界民族之林，成为世界上唯一使远古文明与当代文明、远古民族与当代民族一脉相承的文明民族。毫无疑问，爱国主义是其中最强大精神纽带、文化实力。②

---

① 《思想道德修养与法律基础》：高等教育出版社，2015年版，第97页
② 罗国杰、夏伟东：《古为今用　推陈出新——论继承和弘扬中华传统美德》，《红旗文稿》，2014年第4期

同时，习近平总书记曾指出中国人自古就推崇"协和万邦""亲仁善邻"的和平思想，这也是一种典型的文化软实力，而且传承至今。中华民族一直崇尚的"讲信修睦""和而不同""兼爱非攻"等道德理念的传承造就了我们在对外关系上"强不执弱""富不侮贫"的软实力精神。例如，大明王朝的郑和七次下西洋，拥有当时世界上最强大的船队，却没有像近代以来的西方列强那样，直接用武力去轰炸打开别国的大门、抢夺本属于别国的土地和财富，郑和在其航程过程中反而向其他国家馈赠商品，目的就是和平传播中华之文明。中华人民共和国成立以后，这些传统道德理念也被中国共产党人进一步继承和发展，铸成了我国在国际政治交往中的软实力。周恩来总理在20世纪50年代首倡的"和平共处五项原则"，不仅是中国至今奉行独立自主和平外交政策的基石，同时也被1970年和1974年联合国大会通过的有关宣言所接受。习近平总书记在和平共处五项原则发表60周年大会上的讲话指出："和平共处五项原则生动反映了联合国宪章宗旨和原则，并赋予这些宗旨和原则以可见、可行、可依循的内涵。"以此为基础，中国政府在国际事务中坚定不移地推行和平发展道路，提出"主权平等""共同发展""合作共赢""包容互鉴""公平正义"和推动建设"持久和平、共同繁荣的和谐世界""人类命运共同体"等主张，这既表现出中国特色社会主义文化软实力的道德优势，同时也是战略优势[1]。

（三）优秀传统道德的现代转化是提高中国文化软实力的重要途径

文化是一个国家、一个民族的灵魂，是国家和民族发展的精神命脉和创造源泉，道德是文化的核心要素。文化繁荣兴盛、道德风尚良好是一个国家、一个民族繁荣强盛的精神支撑，没有精神的支撑，国家和民族就是缺钙的，就站不起来。中华民族以道德为核心的传统文化数千年来一直影响着国人的价值取向、行为方式与人生追求，在当前建设中国

---

[1] 龙静云：《道德问题治理与提升文化软实力》，《马克思主义研究》，2015年第2期

特色社会主义、实现民族伟大复兴的实践中，只有自觉实现中华民族优秀传统道德的创造性转化和创新性发展，才能重新树立国民的民族自尊心和自信心，形成认同中华文明的时代意识和振兴中华文明的使命意识①。进而打造出具有中国特色、中国风格的话语体系，讲好"中国故事"、解读"中国道路"、传播"中国价值"，最终全面提升中国文化软实力。

毫无疑问，旧时代的文化和道德，必定包含着特定历史时代的痕迹，有一定的地域、时代和阶级的局限性，有些甚至已经是当代发展的障碍。但是，历史不可割裂，而且，仁义礼智信的"五常"之德，讲仁爱、重民本、守诚信、崇正义、尚和合、求大同这些中华优秀传统文化和传统美德的精髓都蕴含着不可忽视的、超越时代的、可继承的优秀遗产。因此，实现优秀传统道德的现代性转化，提高当代中国的文化软实力，就要把传统道德作为当前中国特色社会主义道德建设的重要资源和凭借，古为今用、推陈出新，进行创造性转化和创新性发展。返本的目的在于开新，开新的目的在于今用。其实在任何时候，对于传统文化的继承都是在把某个领域的具体文化现象背后的精神提炼出来以合于当代应用的实践，而抛弃那些具体的可能已经过时的文化现象。正如黑格尔所说，辩证法理解的否定是对特殊内容或具体的活动规范的否定，而保留其中的普遍本质。"祖述尧舜，宪章文武"的孔子早就指出："殷因于夏礼，所损益，可知也；周因于殷礼，所损益，可知也。其或继周者，虽百世可知也。"（《论语·为政》）。这种"因"就是文化连续性的发展与继承，而"损益"就是根据现实社会实践的需要对原有文化的创新性发展。孔子创立的儒家思想是对周礼的创新发展；荀子的礼法合治是在大一统国家发展需要的社会实践中对传统儒家思想的创新发

---

① 高斌：《中华优秀传统文化：我们最深厚的文化软实力》，《湖北日报》，2013 – 10 – 14（10）

展；三纲五常是汉儒对先秦儒家思想的创新性发展。就具体某一个观点而言，比如，对"天下兴亡，匹夫有责"的诠释，顾炎武提出这一命题，当初具体本意是有关"学统""道统"的兴亡，人人都有责任；但后人运用此命题时有意或无意地将之理解为"国家兴亡，人人有责"，就是为服务于民族国家建设的现实需要，也是一种创新性发展。因此，早在1923年梁启超就提出过，《论语》的内容"其中一部分对当时阶级组织之社会立言，或不尽适用于今日之用，然其根本精神，固自有俟诸百世而不惑者"。

历史上代代传承而来的传统文化，从承载传统文化的文本上说，每一时代都面临新的问题、新的理解，而需要不断更新、转化其意义。因此，当前我们所面对的文化继承，应从哲学层面上对传统文化进行"创造性的继承"与"创造性的诠释"，即创造性转化和创新性发展，让今人与历史进行创造性对话，使过去与现在有机融合，以适应当代社会文化的需求。这种转化与创新是提高中国文化软实力的重要途径。中华传统美德最广泛、最深厚的现实基础是在民众生活和大众文化之中，只有用中华民族世代传承下来的具有永恒价值的传统美德和当今时代先进的价值观引领大众生活、统摄大众文化，为传统美德所蕴含的价值找到生活载体和文化载体，同时，还要着重把传统美德所使用的古代话语转换成为当代的大众话语，使之符合当前人民群众的实际需要，才能真正实现传统美德的创造性转化和创新性发展。

三、中华民族优秀传统道德是涵养社会主义核心价值观的历史源泉

党的十八大提出，倡导富强、民主、文明、和谐，倡导自由、平等、公正、法治，倡导爱国、敬业、诚信、友善，这是社会主义核心价值观的基本内容。培育和践行社会主义核心价值观，是推进中国特色社会主义伟大事业、实现中华民族伟大复兴中国梦的战略任务。我们党凝聚全党全社会价值共识做出的这一重要科学论断是与中国特色社会主义发展要求相契合,与中华优秀传统文化和人类文明优秀成果相承接的,是当代中国精神的集中体现,凝结着全体人民共同的价值追求。习近平总书记讲"核心价值观,其实就是一种德,既是个人的德,也是一种大德,就是国家的德、社会的德"。也就是说,培育社会主义核心价值观,首先要培植一种有益于国家、社会、他人的道德。而且,其中非常突出地强调了中华传统美德对滋养、培育社会主义核心价值观的重要作用。

(一)中华民族优秀传统道德和社会主义核心价值观的渊源关系

在任何国家和社会中,传统都是"现在的过去,但它又与任何新事物一样,是现在的一部分"①。因此,每一个时代文化的建构和建设,都不可能是完全抛弃传统、丢掉根本的空中楼阁,都必然要以历史传统文化为其既有基础和前提,这是文化演进和发展的规律性、继承性。这种文化之源是现代文化建设的源头活水,也是文化建设中必不可缺的民族特色。但是,传统文化的演进和发展也脱离不开现实社会存在的推动作用。现实的社会环境、时代需要是文化建设的实践本原,不仅决定着现代社会文化的社会性质、价值导向和时代特征,而且也决定着传统文化的演变和进一步发展的未来情形。魏源曾经说过,"善言古者,必有验于今",因此,作为"源"的传统文化必然要受到现实之"原"的鉴别和取舍。

首先,中华民族优秀传统道德是涵养社会主义核心价值观的根基和源泉。

习近平总书记指出,培育和弘扬社会主义核心价值观必须立足中华优秀传统文化。博大精深的中华优秀传统文化是我们在世界文化激荡中站稳脚跟的根基。……使中华优秀传统文化成为涵养社会主义核心价值观的重

---

① 希尔斯:《论传统》,上海:上海人民出版社,2009年版,第13页

要源泉。凝聚着中华民族最深沉的价值追求和价值共识,传承着中华民族最根本的精神基因和伦理品质,代表着中华民族独特的精神标识和道德慧命的中华优秀传统文化,有着从文化精神和价值追求方面上下求索、着力用工的传统,形成了源远流长的道统和道德文化传统①。这一传统为一代又一代华夏儿女提供了精神归依和心灵居所,是涵养社会主义核心价值观的重要历史源泉,彰显着中国特色和中国元素的内在价值。

2014年5月4日,习近平总书记在北京大学的师生座谈会上讲话指出,对一个民族、一个国家来说,最持久、最深层的力量是全社会共同认可的核心价值观。作为一个历史悠久的古老民族,中华民族核心价值观的探求与建构由来已久。在"仰则观象于天,俯则观法于地""近取诸身,远取诸物"效法天地人物的思维路径中,在长期的历史和文化发展过程中,中华民族逐渐凝聚出一种"无偏无党""无过不及"的道德智慧和中庸德性,一步步进化为一种以仁爱和善的德性去待人处世的礼仪文明,积淀为一种以天下为公为基本价值取向的整体主义传统。清华大学国学院陈来教授将中华传统价值观念与西方近代价值观相比较而总结出"责任先于自由""义务先于权利""群体高于个人""和谐高于冲突"的特点②。习近平总书记将其总结为"讲仁爱、重民本、守诚信、崇正义、尚和合、求大同"的中华传统道德价值观。当前我们倡导的社会主义核心价值观与这种中华传统价值观的道德价值取向是一脉相承、相互贯通的。社会主义核心价值观在国家层面倡导的"富强、民主、文明、和谐"的价值目标,与传统文化中"国家一体""自强不息"的理想追求、"大道之行,天下为公"的政治信仰、"民惟邦本,本固邦宁"的民本思想、"以文化人,以文育人"的教育理念、"和而

---

① 王泽应:《论承继中华优秀传统文化与践行社会主义核心价值观》,《伦理学研究》,2015年第1期
② 陈来:《中华传统文化与核心价值观》,《光明日报》,2014-8-11(16)

不同""持中贵和"的处世智慧血脉相通;社会主义核心价值观在社会层面倡导的"自由、平等、公正、法治"的价值取向,借鉴了传统文化中"道法自然,天人合一"的自然观念、"不患寡而患不均"的平等追求、"允执厥中"的思维方式、"公生明,偏生暗"的公正诉求和"隆礼重法"的治国思想;社会主义核心价值观在个人层面倡导的"爱国、敬业、诚信、友善"的价值准则,与传统道德理念的契合更为直接,例如,"天下兴亡,匹夫有责""先天下之忧而忧,后天下之乐而乐"的爱国情怀,"经世致用,知行合一"的实践理性,"业精于勤,荒于嬉,行成于思,毁于随"的敬业精神,"言必信,行必果""人无信不立"的诚信观念,"仁者爱人""与人为善""老吾老以及人之老,幼吾幼以及人之幼"的仁爱、友善、忠恕之道。这些传统道德理念都是今天培育和践行社会主义核心价值观个人层面的价值准则。

其次,社会主义核心价值观是对中华民族优秀传统道德的现代传承与发展。

对于传统文化,只有在当今社会客观环境的基础上对其进行创造性转化和创新性发展,从而做到"承百代之流,而会乎当今之变",建构起"今"之文化体系。[①] 社会主义核心价值观确实根植于优秀传统文化的丰沃土壤,但同时也应看到,它绝不是中华传统道德文化的简单继承和现代复归,而是在马克思主义指导下,根据时代的发展变化,把时代性与民族性有机统一起来,为中华传统美德注入了新的时代内涵,是中华优秀传统文化在当代中国与时俱进、不断发展的结果,是中华优秀传统文化的创造性转化和时代创新。

(1)国家层面价值目标的转化与发展。尽管中国古代一直有"自强不息"的价值理念,但更多的是重视了个体独立的"自强"。而真正

---

① 朱贻庭:《"源原之辨"与"古今通理"——继承和发展传统文化的方法论新探》,《探索与争鸣》,2015年第1期

的国家富强应该是一个民族的共同发展,因此,"富强"作为社会主义核心价值观的首要目标被提出来,即是在强调"发展才是硬道理"。保障发展的重要制度是民主,中华传统价值观重视民本,但缺乏民主。至于文明与和谐,都是传统价值观的题中应有之义。但是,社会主义核心价值观强调的文明和谐都扩展了传统文明与和谐思想的内涵与外延,不仅包含了人与自身、人与人、人与自然、人与社会之间的文明与和谐,而且还强调倡导"国家和谐"和"世界和谐",强调中华文明和世界文明的"求同存异""和谐发展"。因此,社会主义核心价值观所讲的文明与和谐是建立在民主、科学等现代价值观念基础上,对传统文明观、和谐观的合理扬弃。

(2) 社会层面价值取向的转化与发展。尽管中国古代有"不患寡而患不均,不患贫而患不安"的平等、自由的追求,但是传统的价值观中等级思想的影响根深蒂固,缺乏对人的自由和平等的保障。社会主义核心价值观倡导"每个人全面而自由的发展"的自由和中国特色社会主义制度下的平等,而且以强大的物质基础为保障。我们党已经认识到,现代社会应该允许并保障民众运用合法手段追求财富的增长,也允许一部分人先富起来,最终实现共同富裕。因此,今天我们提倡的平等已经不同于古代的平均思想。至于公正、法治,尽管传统价值观历来都是高度重视,但是,中国古代社会等级制度之下强调的"公正"是基于封建王朝的专制基础上提出来的,没有真正的公正可言。法治在古代中国则是"礼法合治"下维护封建统治的一种手段。因此可以说,建立在自由、平等等现代价值观念基础上的社会主义公正观、法治观是实现了对传统公正观、法治观的超越。

(3) 个人层面价值规范的转化与发展。爱国、敬业、诚信、友善历来为中华传统美德所倡导。公忠爱国是中华民族精神的核心要素,但是,今天的爱国必须明确是爱具体的社会主义的新中国,而不是笼统的"天下"。孔子认为做事的精义在于"敬事",即敬业。韩愈在《进学解》中所说的"业精于勤，荒于嬉；行成于思，毁于随"，更是古代敬业价值观的一个经典注解。现代提倡的敬业是要求国家要积极引导公民做好自己的本职工作，在最适合自己的岗位上发挥最大的有利于自身发展、也有利于国家的价值。诚信是传统美德"五常"之一，当前，我国正处于经济转轨、社会转型的关键时期，很多行业诚信缺失问题严重，将诚信列为社会主义核心价值观的重要内容，是社会的共同呼声。孟子说的"仁者爱人，有礼者敬人""君子莫大乎与人为善"，都是在高扬友善精神。传统价值观中的这些优秀成分，都被社会主义核心价值观所吸收。同时，在民主、平等等现代理念观照下，社会主义核心价值观中的上述价值规范已然带有了鲜明的时代内涵和要求。

(二) 中华民族优秀传统道德对社会主义核心价值观的涵养作用

"国无德不兴，人无德不立。"在每一种民族文化中，集中反映其价值观念与行为规范的道德都是民族文化的核心。我们党对道德在兴国立人方面、在社会主义核心价值观培育方面的重要价值与作用都给予了高度肯定和重视，这不仅是对理论与历史的深刻洞见，更具有强烈的现实针对性。而要培育和践行社会主义核心价值观，就离不开中国特色的以道德为内核和精髓的优秀传统文化的滋养。也正是在这个基础上，习近平总书记进一步指出"要深入挖掘和阐发中华优秀传统文化讲仁爱、重民本、守诚信、崇正义、尚和合、求大同的时代价值，使优秀传统文化成为涵养社会主义核心价值观的重要源泉"。

其一，民族特色：中华民族优秀传统道德涵养社会主义核心价值观是历史的必然。习近平总书记指出：一个民族、一个国家的核心价值观必须同这个民族、这个国家的历史文化相契合，同这个民族、这个国家的人民正在进行的奋斗相结合，同这个民族、这个国家需要解决的时代问题相适应。这就是在特别强调核心价值观要有民族特色，越是民族的，越是世界的。核心价值观具有中国特色，是中国道路成立的前提条件，也是中国道路能走得更久更远并影响世界的重要基础。绵延数千年的中华优秀传统道德文化是中华民族的基因,植根于中国人的内心,潜移默化地影响着中国人的思想方式和行为方式,必然提供了涵养社会主义核心价值观的民族特色成分。对此,我们首先要"讲清楚中华文化积淀着中华民族最深沉的精神追求,是中华民族生生不息、发展壮大的丰厚滋养"。这是中华文化发展的规律。在明确规律的基础上,再进一步"讲清楚中华优秀传统文化是中华民族的突出优势,是我们最深厚的文化软实力"。也就是说,独特的文化传统、独特的历史命运、独特的基本国情造就了我们中华民族的特色,社会主义核心价值观必须根植于此,才能具有更强的生命力、影响力、感召力。

其二,崇德尚义:中华民族优秀传统道德为社会主义核心价值观奠定道德根基。道德是人类文明的结晶,是社会进步的标尺,也是个体追求实现自我完善的内在动力。道德的作用潜移默化,无处不在、无时不在。《大学》讲:"自天子以至于庶人,壹是皆以修身为本。"《管子》讲:"礼义廉耻,国之四维;四维不张,国乃灭亡。"法国启蒙思想家孟德斯鸠指出:"共和政体需要品德。"英国古典经济学家亚当·斯密在《道德情操论》中认为国家、社会、个人的发展都要靠道德作支撑。习近平总书记讲"只要中华民族一代接着一代追求美好崇高的道德境界,我们的民族就永远充满希望"。作为社会主义核心价值观基本内容的"三个倡导",或立足于道德的内涵,或直接就是道德的诉求。因此说"核心价值观其实就是一种德,既是个人的德,也是一种大德,就是国家的德、社会的德"。中华民族优秀传统道德作为中华民族精神的核心要素,也是中华民族延续与发展的内在灵魂。"朝闻道,夕死可矣",在中国传统道德文化中把对真理和道德的追求看得比生死还重要。孔子的"杀身以成仁",孟子的"舍生而取义",都是宣扬对道德信念的追求和坚持可以以生命为代价。这种思想在社会上营造了浓厚的崇德尚义的气氛,为当代中国社会主义核心价值观的凝练和发展奠定了坚实的道德根基。

其三，德目丰富：中华民族优秀传统道德为社会主义核心价值观凝练道德规范。社会主义核心价值观作为当代中国社会意识形态和先进文化的本质体现，其凝练与发展既源于当前国内外的现实环境，更是根植于中华民族优秀传统道德的沃土之中。习近平总书记2014年5月4日在北京大学师生座谈会上讲："我们提出的社会主义核心价值观……继承了中华优秀传统文化，也吸收了世界文明的有益成果，体现了时代精神。"由此可见，社会主义核心价值观的基本条目大都是从中华民族优秀传统道德规范中凝练而来的。社会主义核心价值观国家层面的价值目标即富强、民主、文明、和谐都直接是中华民族优秀传统道德中所蕴含的价值理念，如管子的富民、孟子的民本思想、孔子的"礼之用，和为贵"，等等。中国古代社会尽管并没有直接使用过"自由"的术语，但自由思想却早已蕴含于早期的思想观念当中，如，先秦时期"百家争鸣、百花齐放"局面的形成就是思想自由在社会领域的典型体现。平等思想在中国古代社会因为受到封建等级制度的压制而没有真实存在，但在一些先进的思想家那里对人与人之间平等交往的渴望和追求一直是存在的。公正与法治观念，在中国古代历史上尽管具有明显的时代局限性，但是其作为一种道德德目的存在也是客观的事实。社会主义核心价值观个人层面价值规范是公民在社会生活中必须遵守的道德准则，即爱国、敬业、诚信、友善，这是更为直接的对中国古代传统道德的德目的借鉴与利用。

其四，反省践履：中华民族优秀传统道德为社会主义核心价值观提供践行方法。中华民族优秀传统道德不仅为社会主义核心价值观构建提供了丰富的道德资源、奠定了浓厚的道德基础，其中所包含的道德修养、履践的方法也为践行社会主义核心价值观提供了方法论指导。传统道德思想中把修身看作是为人处事的根本，通过修身，使儒家的一整套的伦理道德原则逐渐内化到社会成员的内心当中，使得君仁臣忠、父慈子孝、夫义妇听、兄友弟悌，整个社会就形成一个有秩序的和谐存在，这为当前培育和践行社会主义核心价值观提供了方法论上的借鉴。

（1）学思结合，培养主体的道德认知能力。传统的道德教育非常注意认识论与修养论的统一，把德育寓于智育之中。学习在中国古代不单纯是知识的学习，更是道德修养的学习。道德修养的前提是了解最基本的道德规范，明白是非，这就需要学习。只有通过虚心学习，认真思考，才能辨别善恶，扬善惩恶，形成良好的德性。"思"作为一种思维活动，属于内心修养的范畴，主要是考虑自己的视听言行是否符合道德规范。通过学思结合，明辨善恶、扬善戒恶，才能最终达到提高道德修养的目的。

（2）克己省察，提高主体道德践履的自觉性。克己就是指努力克服、克制各种自身的私欲带来的不良言行。省察就是指内省、自省或反省，通过反省自己言行的正确与否，从而逐步调整和提高自己。这是自我修养的基本起点和前提，是一种重要的道德修养方法。这种省察克己的修养方法，对于促进社会主义核心价值观引领当前错综复杂的社会思想意识具有认识论和方法论的重要意义。在经济快速发展的现代社会，利益冲突是各种矛盾冲突的主要起因，追根究底，是人们在社会生活中被利益所惑，缺失了道德上克己内省的精神。因此，倡导通过克己省察认真反省自己，参照社会主义核心价值观的要求，多开展批评和自我批评，改正缺点，修正错误，将会逐渐提升人民的道德素养，营造良好的社会道德风尚，促进和谐社会的构建。

（3）慎独自律，强化主体的道德信念。慎独自律，就是要求人们在一个人独处而没有外在监督的情形下仍能坚守自己的道德信念，严格要求自己，不会因为没有周围人的监督而为所欲为。慎独是对个体内心深处的意识、情绪进行管理和自律的一种修养方法，是一种高层次的道德境界。《礼记·大学》论述君子只有正心、诚意，然后才能达到表里如一。"所谓诚其意者，毋自欺也。如恶恶臭，如好好色，此之谓自谦。故君子必慎其独也。小人闲居为不善，无所不至，见君子而后厌然，掩其不善而著其善。人之视己，如见其肺肝然，则何益矣！此谓诚于中，形于外，故君子必慎其独也。"慎独自律在历史上已被充分证明是一种成效显著的道德修养方法，体现了一种严格要求自己的道德自律精神。社会主义核心价值观要内化于心，必须从外在灌输转向内在自觉，由他律转向自律。

（4）知行统一，促进主体的道德实践。"知"主要指人的道德认识和思想意念，"行"主要指人的道德践履和实际行动。1937年，毛泽东在《实践论》中把马克思主义哲学关于认识和实践统一的理论总结为：实践、认识、再实践、再认识。这种形式，循环往复以至无穷。传统儒家也认为，道德认知对于养成良好的道德品质固然重要，但如果只停留于道德认知而不付诸道德实践，即只知什么是善恶而不在具体行动上切实为善去恶，则毫无道德意义。"知行统一"对于治理今天社会道德建设中"知而不行"的弊病有重大启示意义。社会主义核心价值观最终要通过践行才能发挥凝聚人心的作用。2014年5月23日，习近平总书记在上海考察时强调，"培育和践行社会主义核心价值观，贵在坚持知行合一、坚持行胜于言，在落细、落小、落实上下功夫"。这就是说，培育和践行社会主义核心价值观是一个知行统一的过程。

第四节　中华民族优秀传统道德是高校思想政治工作的重要内容和支撑

2016年12月全国高校思想政治工作会议召开，习近平总书记出席会议并讲话强调，高校思想政治工作关系高校培养什么样的人、如何培养人以及为谁培养人这个根本问题，要坚持把立德树人作为高校工作的中心环节。早在2015年1月，中共中央、国务院印发《关于进一步加强和改进新形势下高校宣传思想工作的意见》指出，加强和改进新形势下高校宣传思想工作的主要任务之一就是弘扬中国精神、弘扬传统美德。2017年2月，中共中央、国务院印发《关于加强和改进新形势下高校思想政治工作的意见》再次指出，高校思政工作要强化思想理论教育和价值引领。要弘扬中华优秀传统文化，实施中华文化传承工程，推动中华优秀传统文化融入教育教学。但是，当代大学生对优秀传统道德的认知、认同还有待提高，充分利用中华民族优秀传统道德资源充实高校思想政治教育工作，弘扬传统美德，是加强和改进大学生思想政治教育的有效方法之一。

一、宏观上全方位加强优秀传统道德教育进校园

（一）加强优秀传统道德融入高校思想政治理论课的研究

思想政治理论课是高校宣传思想工作的主渠道，中华民族优秀传统道德文化是整个民族共同的文化基因和精神家园，是改进高校思想政治理论课教学有效性的历史文化基础和重要保障，也是其必不可缺的教学资源。在当前思想政治理论课教材中政治性内容所占的比例过重，道德性、文化性的内容较少的情况下，要积极寻找将中华优秀传统道德文化融入思想政治理论课教学的契合点。高校思想政治理论课教学在关注自身政治功能的基础上，还应承担起帮助学生树立文化自觉、文化自信的重要历史使命。在教学过程中通过对中华民族优秀传统道德文化丰富资源的深度挖掘与阐释对"讲清楚中国特色社会主义植根于中华文化沃土、反映中国人民意愿、适应中国和时代发展进步要求"意义重大。

（二）增开优秀传统道德文化方面的选修课程

目前高校，尤其是大量理工科院校的课程设置中，除了全国统一的思想政治理论课外，涉及历史文化类的课程很少，只有靠选修课进行这方面的补充。青年大学生好奇心比较强，容易接受新鲜事物，在多元文化的影响下，一部分人不自觉地表现出对西方文化及西方价值观的过度

青睐，而对我们的几千年来形成并流传下来的传统文化相对淡漠，这其实在很大程度上是与他们对优秀传统文化缺乏深层次的理解和认知有关。高校应鼓励和大力支持教师积极开设有关优秀传统道德文化方面的选修课。比如，针对当代大学生对一些优秀传统道德理念一知半解，缺乏真正的理解而容易形成误解的情况，我们可以通过开设"传统道德名言解读"等选修课来帮助学生认识历史上真实的道德文化。这类课程一般都可以通过一些历史典故展开讲解，这样学生们是比较容易接受、也愿意学习的，以此可以有效拓展中华优秀传统道德文化教育融入高校教学的渠道。

（三）开展丰富多彩的校园传统道德文化宣传活动

十年树木，百年树人。对人的教育和培养不是一朝一夕的醍醐灌顶，而是润物细无声的长期熏陶。在高校校园里，教师自身的言传身教，学校管理中的平等、尊重、法治与高效，各项活动中传递出的积极向上的正能量等，都是道德教育取得实效必不可缺的要素。例如，可充分利用我们的民族传统节日来进行传统道德文化的宣传，如清明节的祭祖与感恩，端午节纪念屈原的爱国情操与高贵人格，中秋节、春节的家庭团圆与伦理人情，重阳节的爱老与敬老等。此外，先进模范人物的宣讲、文明宿舍的评比、体育比赛的举行、基层社会实践调研、文艺汇演、红色网站设计等都可以很好地传递出优秀传统道德的精髓。通过形式多样、内容丰富的校园文化活动的持续开展，营造出一种良好道德文化氛围，是推动高校大德育环境形成的重要手段。

二、微观上强化优秀传统道德资源与思想政治教育具体结合

（一）将天下兴亡、匹夫有责的爱国情怀与新时期爱国主义教育相结合

如何处理个体与国家之间的关系，这是一个国家最根本的价值需

求。中国传统的儒家思想倡导"家国同构"的价值观念，讲究修身、齐家、治国、平天下的个体成长经历，崇尚天下兴亡、匹夫有责的历史责任感。因此，中华民族具有源远流长的爱国主义传统，爱国主义是中华民族最深厚的思想情感积淀，也是中华文明几千年生生不息、延展至今的根本原因之所在，最能感召中华儿女的团结奋斗。各种调查数据都说明当代大学生对传统爱国主义精神还是普遍认同的。但是我们也不能忽视，在价值观念多元化的今天，大学生务实、理性思想的客观存在。因此，我们在开展教育活动的过程中必须要给学生讲清楚中华民族世代传承的爱国主义精神的重大价值和意义，也要讲清楚历史上曾经存在的愚忠现象的历史局限性及与新时期爱国主义的根本区别问题。通过传统美德中公忠爱国的教育，要使学生真正认识到国家的富强发展是每个人自强自立自尊的重要保障和依托，国家繁荣是全体国人共同的荣耀。有国才有家，独立的个体努力学习、追求进步不能仅仅是为了自身和家庭。个人的成长只有和社会进步、国家发展紧密结合起来，才能真正实现自我的价值，进而形成民族复兴的共同理想。

（二）将仁爱共济、推己及人的社会关怀与和谐处世的人际关系教育相结合

在任何社会中都会存在如何处理自己与他人关系的问题，这个关系显示出一种社会情怀。在中华民族传统道德文化中，一直非常推崇仁者爱人、民胞物与、"穷则独善其身，达则兼济天下"的人生信条，这其中蕴含的就是一种和而不同的包容心态、相互扶持的友善心理。这种包容与友善是我们现在构建和谐社会的基础和前提。习近平总书记在纪念孔子2565周年诞辰国际学术研讨会上讲话时指出，中国优秀传统文化的丰富哲学思想、人文精神、教化思想、道德理念等，可以为人们认识和改造世界提供有益启迪，也可以为道德建设提供有益启发。对传统道德文化中适合于调整各种社会关系和鼓励人们向上向善的内容，我们要结合时代条件加以继承和发扬，并赋予其新的含义。因此，高校的教育

工作者要通过对传统美德的提炼与研究，给学生讲清楚古代仁爱、宽恕等思想的积极意义，也要讲清楚以自然经济条件下的血亲关系为基础的古代社会中有关仁爱思想和要求的局限性，讲清楚在当前公共生活领域日益扩大的现代和谐社会构建中的历史借鉴如何进行。只有这样才能逐步培养学生守望相助、乐群友善、大度宽容的人文精神，让学生切身意识到在社会共同体中追求个人利益必须以不损害他人和社会为前提。

（三）将礼义廉耻、刚健进取的人格修养与大学生个人品格教育相结合

现实生活中，作为个体的每一个人具有什么样的精神面貌、价值追求，这不仅仅是个人的追求与境界问题，最终也关系到一个国家和社会的精神风尚。中华民族传统道德文化中一直强调礼义廉耻、舍生取义的人格修养，倡导厚德载物、刚健进取的精神追求。张岱年先生曾经提出，"中国传统文化所包含的积极进取思想的集中概括就是《周易大传》中的两句话：'天行健，君子以自强不息'"①。这是中国传统文化内在的活力、潜在的生机，是今日改革创新的思想基础，是民族进步的内在动力。当代大学生对于刚健进取的独立人格修养的认同度还是比较高的。但是，对于涉及公私利益关系的传统美德，大学生的认同度相对较低，理性主体意识明显增强，尤其是在对待传统的义利观方面表现得非常明显。这就要求我们教育工作者在利用、发掘传统美德资源的同时，要给学生讲清楚传统道德中义利观的发展历程、价值取向以及其积极的意义，也要讲清楚在现代社会中，处理物质利益与精神利益的关系时，保障权利是基础，但如何借鉴传统义利观的取舍同样意义重大。当前，我们正处在社会转型的过程中，社会整体上比较浮躁，党的十八大报告特别强调，要形成理性平和的社会心态，在自强不息、积极进取的

---

① 张岱年. 中国文化发展过程中的偏颇与活力 [J]. 内蒙古社会科学（文史哲版），1988（5）.

同时，多一分温良恭俭让的人文精神和礼义廉耻的品性追求对于涵养一个人的人格品质具有重要作用。

总之，高校是全面培养中国特色社会主义合格建设者和可靠接班人的重要基地，传承中华优秀传统文化、充分利用优秀传统道德资源对大学生进行社会主义核心价值观教育，是高校必然要承担的历史责任和使命。只有充分利用并广泛深入地加强优秀传统道德资源融入高校思想政治教育，才能更好地引导当代大学生树立正确的历史观、民族观、国家观、文化观，更加坚定我们的道路自信、制度自信、理论自信和文化自信。

第五节　以习近平新时代中国特色社会主义思想为指导，坚定文化自信

"近代以来久经磨难的中华民族迎来了从站起来、富起来到强起来的伟大飞跃，迎来了实现中华民族伟大复兴的光明前景"，"中国特色社会主义进入了新时代"，这是习近平总书记在党的十九大报告中做出的历史性论断。在这个比历史上任何时期都更接近中华民族伟大复兴目标的新时代，坚定文化自信是更基础、更广泛、更深厚的自信，没有高度的文化自信，没有文化的繁荣兴盛，就没有中华民族伟大复兴。中国特色社会主义文化，源自中华民族五千多年文明历史所孕育的中华优秀传统文化，植根于中国特色社会主义伟大实践。因此，在当代社会实践中，只有真正切实落实习近平总书记提出的对传统美德进行创造性转化和创新性发展的指导方针，才能更进一步坚定我国文化的自信，建设社会主义文化强国。

一、对内加强研究宣传和教育，激发人民的文化自觉

从建设文化强国的角度讲，文化自觉是文化自信的前提和基础。按照中国著名社会学家费孝通先生的观点，文化自觉是指生活在一定文化历史圈子的人们对其文化有自知之明，并对其发展历程和未来有充分的认识，即文化的自我觉醒、反省与创建。当前我们所谈论的文化自觉，是指对五千年来所积淀的中华传统文化的地位、作用、发展历程和未来趋势的自知之明，以及对传承中华传统文化这一历史责任的主动担当。文化自觉的目的是要使我们国家和民族的优秀文化传统在面对新环境、新时代时能够不断传承、创新和发展，在世界文化多元竞争发展格局中具有自主能力、取得自主地位，从而实现与时代同行、与世界同进。①

（一）政策引导高屋建瓴，保障传统美德的当代地位

文化自觉的激发与培养，需要个体的自我学习与领悟，更需要国家政策的具体引导与保障。我们党已经明确中华民族伟大复兴的中国梦不只是物质富裕之梦，不只是国家硬实力强大之梦，而是物质富裕、文化繁荣、精神富足之梦，是国家硬实力和软实力齐头并进之梦。为此，党和国家出台了一系列的具体政策以保障弘扬中华优秀传统文化、传统道德，引导人生价值的终极思考，激发民众对传统美德的自觉意识。2013年党的十八届三中全会把"完善中华优秀传统文化教育"作为"深化教育领域综合改革"的重要内容之一。2013年12月，中共中央办公厅印发《关于培育和践行社会主义核心价值观的意见》指出，"发挥优秀传统文化怡情养志、涵育文明的重要作用……增加国民教育中优秀传统文化课程内容，分阶段有序推进学校优秀传统文化教育"。2014年3月教育部颁发的《完善中华优秀传统文化教育指导纲要》明确要求"促

---

① 蔡永生：《如何理解文化自觉》，《人民日报》，2011-11-07（7）

进思想政治教育与中华优秀传统文化教育的紧密结合"。2015年党的十八届五中全会通过的《中共中央关于制定国民经济和社会发展第十三个五年规划的建议》中指出，要构建中华优秀传统文化传承体系，弘扬中华传统美德。2017年1月26日，中共中央办公厅、国务院办公厅印发《关于实施中华优秀传统文化传承发展工程的意见》指出，传承发展中华优秀传统文化就要大力弘扬自强不息、敬业乐群、扶危济困、见义勇为、孝老爱亲等中华传统美德。2017年2月27日，中共中央、国务院印发《关于加强和改进新形势下高校思想政治工作的意见》指出，要弘扬中华优秀传统文化和革命文化、社会主义先进文化，实施中华文化传承工程，推动中华优秀传统文化融入教育教学。这些来自党和国家明确的道德导向，对于民众个体的向善之心、为善之行，是一种难得的鼓励和指引。

（二）政策落实具体到位，保障传统美德的当代新生

为保障党和国家关于弘扬传统美德的各项政策方针的具体落实与执行，各级部门，尤其是教育和宣传部门群策群力，通过不同的形式营造了浓厚的传统文化学习氛围。首先，部分高校和科研机构内国学院的成立，为传统美德的研究和继承、创新搭建了良好平台。从2005年10月中国人民大学国学院成立至今，十余年来已有20余所高校建立国学院、国学研究院，包括以高等儒学研究院和书院等命名、以国学教育研究为主体的机构，且有继续发展的趋势。国学的社会性回归，与社会转型期应对社会道德、文化的失范，民众对传统道德文化内涵的追求意识有直接关系。这些国学院或研究院，不管具体采用了什么样的办学模式，也不管具体发展的侧重点是文本研究、人才培养，还是交流传播，都为唤醒民众的民族文化自觉、为以传统道德为核心的传统文化的当代新生奠定了基础、搭建了平台。其次，优秀传统文化走进校园，进一步夯实青少年的传统文化基础。优秀传统文化内含着中国人独特的世界观、人生观、价值观，如果不能在教育过程中让我们的青少年学生了解并继承、

传承下去，他们的人生就会发生方向性的偏离。对此，2017年3月两会期间，教育部长陈宝生给出传统文化走进校园的三条途径：第一，"覆盖教育的各个学段，从小学到大学"，这是"固本工程"；第二，"融汇到教材体系当中去"，这是"铸魂工程"；第三，"贯穿在人才培养的全过程"，这是"中国人打'底色'的工程"。2017年9月新学期开学时，全国小学生和初中生都已经开始使用"部编版"语文教材。其最突出的特点就是传统文化篇目的增加。整个小学6个年级12册共选优秀古诗文124篇，占所有选篇的30%，平均每个年级20篇左右；初中古诗文选篇也是124篇，占所有选篇的51.7%，平均每个年级40篇左右。各地高考改革中，语文科目的比重，尤其是其中文言文部分的比重都在增加。各高校人文历史类的通识教育课程设置明显增加，思想政治教育工作与传统文化和传统道德的有机结合愈加突出，"礼敬中华优秀传统文化""中华经典阅读"等活动都搞得有声有色。最后，媒体、宣传、文化部门大力推动，传统美德开始融入当代生活焕发生机，激发民众的文化自觉意识。伴随着各级各类层次国学研究的回归，媒体部门也通过各种喜闻乐见的形式大势宣讲传统文化、传统美德。中央电视台的《百家讲坛》因为专家学者对《论语》《三国志》《百家姓》的现代解读而红遍大江南北，究其原因，就是这些传统经典中的道德伦理精神、处世智慧等契合了现代人的精神需求。近几年的汉字听写大会、中国成语大会、中国诗词大会更是唤起了一个民族对传统的记忆、激发了一个民族对传统基因的感受。还有各种感动人物、最美人物、道德模范等的广泛评选，也是一种全民性的道德反思、道德回归。各种民间非物质文化遗产的保护与研究，大街小巷用不同形式布置的各种传统美德的宣传画，等等，都营造出了传统美德的勃勃生机。

关于研究、宣传、弘扬传统文化、传统美德，尽管我们已经做了很多工作，但是，近代百年以来在探究民族危机的过程中，我们逐渐远离了传统也是事实。因此，促成当代民众对传统文化、传统美德的认知、认同，并在现实社会生活中的践行，还任重道远。例如，青年人群热衷过洋节而对我们自己的传统节日则比较淡漠，有些青年人不仅丢失了传统的孝道，甚至还以啃老为荣，等等。因此，我们需要花费心思去设计出青年人喜闻乐见的形式，让传统与现代有机融合，让传统道德理念逐渐根植于现代青年的内心之中。

二、对外加强宣传交流与合作，增强人民的文化自信

文化自信是一个民族、一个国家以及一个政党对自身文化价值的充分肯定和积极践行，并对其文化的生命力持有的坚定信心。① 党的十八大以来，习近平总书记曾在多个场合提到文化自信。在党的十九大报告中，习近平总书记再次强调指出，文化自信是一个国家、一个民族发展中更基本、更深沉、更持久的力量，凸显出"文化自信"在"四个自信"中的重要地位。当前增强文化自信就是要在人民对传统文化有所认识、了解的基础上，引导人民树立和坚持正确的历史观、民族观、国家观、文化观，增强做中国人的骨气和底气。打开中国近代史大门的鸦片战争其实最后打垮的是中华民族精神。此后，我们总结曾经的泱泱大国而今却落后挨打的原因，大都归结为了传统的落后与束缚，于是我们就开始认为自己祖传了数千年的传统都是落后的，成了障碍。因此，我们现在讲的自信，根本上就是文化自信，我们现在要实现中华民族伟大复兴，就是要实现中华文化的复兴与自信。

（一）走出去，让世界认识和了解中华民族传统文化的丰富多彩

近年来，随着我国国家实力和国际影响力持续增强、文化传播理念进一步创新，中国文化走出去的步伐越来越快、越来越稳。如，为了推广汉语和传播中国文化与国学，国家对外汉语教学领导小组办公室在世

---

① 《文化自信——习近平提出的时代课题》，http://news.xinhuanet.com/politics/2016-08/05/c_1119330939.htm

界各地设立的教育和文化交流机构——孔子学院，发展迅猛。2004年6月15日，全球首家孔子学院在乌兹别克斯坦塔什干正式设立，至2017年，全球142个国家和地区已设立了516所孔子学院和1076个中小学孔子课堂，累计培养各类学员700多万人，文化活动受众近1亿人次。孔子学院的广泛设立对加快中国文化的传播、扩大中国文化的影响力，促进中国的文化外交、提升中国的文化软实力都有不可忽视的贡献，对于优化中国国际形象、化解"中国威胁论"也有很大的帮助。再如，中英文化交流年、中拉文化交流年、中俄文化交流年、中法文化交流年、中加文化交流年等持续不断而且广泛深入的中外交流活动，不仅让我们了解了外面的世界，也让世界看到了真实的具有浓厚的民族特色的中国。再如，教育方面互派留学生，使中外文化的碰撞与交流更为直接。2017年3月，教育部公布，党的十八大以来，我国留学规模持续扩大，2016年出国留学人员总数为54.45万人；回国人员总数43.25万人，逾八成留学人员学成后选择回国发展；来华留学生规模突破44万人，中国已成为世界最大留学输出国和亚洲最大留学目的国。大批中国学生出国留学，无形中就把中国的道德价值观也带到了国外，让世界多了一种了解和认识中国的直接途径。再有，2012年以来，莫言获得诺贝尔文学奖，刘慈欣、曹文轩等接连折桂国际文学大奖，改变了过去很长时期内我们输入外国文学较多，而输出中国文学较少的局面，增加了通过文学这种受众面较广的形式向世界介绍中国的砝码。大量中国优秀的电影电视作品在海外收获了喜人的票房成绩，同时也让世界感受到了真实的中国文化。传统中国戏剧也频繁走出国门，唱响国际舞台，在将中国戏曲的曼妙与华美展现在世人面前的同时，也把中国传统文化中的重义、忠诚、守信等道德理念传向世界。因此，可以说中国文化正在走向全球，成为世界文明交流交融的强大力量和新鲜血液。这是我们文化自信的重要体现。

（二）走进去，让世界理解和尊重中华民族传统文化的价值理念

让中国文化走出去是为了让世界上其他国家的人们更多地认识和了

解中国文化，而从更深层上或价值论意义上探讨中国文化软实力的增强，应该是中国文化走进去的问题，就是要通过各种形式的文化交往，使世界各国的人们真正理解和接纳尊重中国文化。道德价值观念作为文化的核心要素理所当然地成为文化交往的实质内涵。因此，也可以说，"中国文化走进去"的目的就是为了让世界上其他国家的人们理解和接纳中华民族的价值观念。"走出去"和"走进去"实际上应该是中国文化走出去的两个层次或两个阶段，"走进去"应该建立在"走出去"的基础上，因为人们都是只有先认识和了解了一种文化，才可能去理解和接纳这种文化所内含的价值观念，尽管不是必然。我们在世界各地开办孔子学院、讲授中国语言文化，把各种文化产品翻译为他国文字，派遣各类文化团体和文化人士出国访问和交流等，都是在推动中国文化走出去。这是非常必要的基础性工作。2014年10月，在文艺工作座谈会上，习近平总书记提出期望："文艺工作者要讲好中国故事、传播好中国声音、阐发中国精神、展现中国风貌，让外国民众通过欣赏中国作家艺术家的作品来深化对中国的认识、增进对中国的了解。要向世界宣传推介我国优秀文化艺术，让国外民众在审美过程中感受魅力，加深对中华文化的认识和理解。"在走出去的基础上，中华文化走进去的工作也在探索中初见成效。比如，近几年来，文学界莫言、刘慈欣、曹文轩先后斩获国际大奖，就是中华文化获得世界理解和认可的重要体现。再如，"欢乐春节·赫尔辛基庙会"活动已经连续十多年在北欧的冰雪之城制造出着浓厚的中国味道。十多年来，热闹、红火的中国春节庙会在芬兰本土已渐入人心，与中国人一道迎接中国新年似乎已是赫尔辛基市民生活的一部分。再如，从电视剧《媳妇的美好时代》在国外热播，到纪录片《舌尖上的中国》在亚洲甚至欧美地区引发热议，都表明蕴含着文化价值和携带着生活气息、反映中国普通百姓日常生活的文化作品最具中国特色和中国味道，能够被国外的观众认可和接受而"走进"当地，这是优秀文化引发的共鸣、共振。

当然，必须要认识到我们现在做的大量的工作基本都还是属于文化走出去这个层面上的，这是必要的前提与基础，但对于坚定文化自信，建设社会主义文化强国的伟大目标而言，还是远远不够的。例如，从《花木兰》到《功夫熊猫》，本都是中国妇孺皆知的传统故事，却被美国的迪斯尼公司改编并拍成风靡全球的动画片，这种情况不能不引起我们文化工作者的高度关注与反思。就像"中国制造"需要升级换代一样，价值理念层面上的中国文化走进去问题，还必须着力加强与提升。要实现中国文化走进去，我们首先必须充分利用现代高科技手段生产、打造出大量真正体现中华民族传统美德与社会主义核心价值观的文化精品，并大力加强对这些文化精品的全球性、世界性宣传与传播。

总之，经历过百年的探索之后，当代中国正在一步步走近中华民族伟大复兴的中国梦，而且，我们比历史上任何时期都更接近中华民族伟大复兴的目标。在这个过程中，党和国家逐步认识到了现代化的建设与发展不能割断历史的脉络，不能抛弃传统的精神，而应该根植于泱泱中华五千年的文明沃土之中。正如习近平总书记指出："站立在960万平方公里的广袤土地上，吸吮着中华民族漫长奋斗积累的文化养分，拥有13亿中国人民聚合的磅礴之力，我们走自己的路，具有无比广阔的舞台，具有无比深厚的历史底蕴，具有无比强大的前进定力。中国人民应该有这个信心，每一个中国人都应该有这个信心。"因此，在创造性转化和创新性发展的方针指导下，我们要继续深入挖掘中华优秀传统文化蕴含的思想观念、人文精神、道德规范，结合时代要求，切实探索、建构一种适应当代社会发展需要的优秀传统道德的转换机制，开拓出一条中国特色的道德文化创新之路，让中华民族2000多年的优秀传统道德在中国特色社会主义新时代里展现出永久魅力和时代风采。唯有如此，才能更加坚定我们的中国特色社会主义道路自信、理论自信、制度自信、文化自信。

参考文献

1. 马克思恩格斯. 马克思恩格斯选集（第1-4卷）[M]. 北京：人民出版社，1995.

2. 列宁. 列宁选集（第4卷）[M]. 北京：人民出版社，1995.

3. 毛泽东. 毛泽东选集（第1-4卷）[M]. 北京：人民出版社，1991.

4. 邓小平. 邓小平文选（第1-3卷）[M]. 北京：人民出版社，1994.

5. 江泽民. 江泽民论中国特色社会主义[M]. 北京：人民出版社，1994.

6. 江泽民. 论三个代表[M]. 北京：人民出版社，2002.

7. 胡锦涛. 论构建社会主义和谐社会[M]. 北京：中央文献出版社，2013.

8. 科学发展观重要论述摘编[M]. 北京：中央文献出版社党建读物出版社，2008.

9. 习近平. 习近平谈治国理政[M]. 北京：外文出版社，2014

10. 习近平. 习近平谈治国理政（第二卷）[M]. 北京：外文出版社，2017.

11. 中共中央宣传部. 习近平总书记系列重要讲话读本[M]. 北京：学习出版社、人民出版社，2014.

12. 中共中央宣传部. 习近平总书记系列重要讲话读本（2016年版）[M]. 北京：学习出版社、人民出版社，2016.

13. 中共中央文献研究室. 习近平关于协调推进"四个全面"战略布局论述摘编 [M]. 北京：中央文献出版社，2015.

14. 中共中央文献研究室. 习近平关于全面依法治国论述摘编 [M]. 北京：中央文献出版社，2015

15. 中共中央文献研究室. 习近平关于全面从严治党论述摘编 [M]. 北京：中央文献出版社，2016

16. 人民日报评论部. 习近平用典 [M]. 北京：人民日报出版社，2015.

17. 杨伯峻译注. 论语译注（简体字本）[M]. 北京：中华书局，2006.

18. 王文锦译注. 孟子译注（简体字本）[M]. 北京：中华书局，2006.

19. 周桂钿译注. 董仲舒. 春秋繁露 [M]. 北京：中华书局，2011.

20. 斯彦莉注译. 朱熹. 近思录 [M]. 北京：中华书局，2011.

21. 蔡元培. 中国伦理学史 [M]. 北京：中国社科文献出版社，2008.

22. 梁漱溟. 东西文化及其哲学 [M]. 北京：商务印书馆，2010.

23. 梁漱溟. 中国文化的命运 [M]. 北京：中信出版社，2010.

24. 辜鸿铭. 中国人的精神 [M]. 海口：海南出版社，1996.

25. 冯友兰. 冯友兰学术精华录 [M]. 北京：北京师范学院出版社，1988.

26. 冯友兰. 中国哲学简史 [M]. 世界图书出版公司，2011.

27. 梁启超. 新民说 [M]. 昆明：云南人民出版社，2013.

28. 胡适. 中国哲学史大纲 [M]. 长沙：岳麓书社，2010.

29. 钱穆. 中国思想通俗讲话 [M]. 北京：生活·读书·新知三联书店, 2002.

30. 钱穆. 中国历代政治得失 [M]. 北京：生活·读书·新知三联书店, 2001.

31. 费孝通. 乡土中国 [M]. 北京：生活·读书·新知三联书店, 1985.

32. 贺麟. 文化与人生 [M]. 上海：上海人民出版社, 2011.

33. 徐复观. 中国思想史论集 [M]. 上海：上海书店出版社, 2004.

34. 唐君毅. 文化意识与道德理性 [M]. 北京：中国社会科学出版社, 2005.

35. 杜维明. 现代精神与儒家传统 [M]. 北京：生活·读书·新知三联书店, 1997.

36. 余英时. 文史传统与文化重建 [M]. 北京：生活·读书·新知三联书店, 2012.

37. 何俊. 余英时学术思想文选 [M]. 上海：上海古籍出版社, 2010.

38. 张岱年. 中国哲学大纲 [M]. 北京：中国社会科学出版社, 1982.

39. 张岱年. 中国伦理思想研究 [M]. 北京：中国人民大学出版社, 2011.

40. 汤一介. 轴心时代与中国文化的建构 [M]. 南昌：江西人民出版社, 2007.

41. 汤一介. 汤一介学术文化随笔 [M]. 北京：中国青年出版社, 1996.

42. 罗国杰. 传统伦理与现代社会 [M]. 北京：中国人民大学出版社, 2012.

43. 罗国杰. 中国传统道德（简编本）[M]. 北京：中国人民大学出版社，2012.

44. 罗国杰. 中国伦理学百科全书. 伦理学原理卷[M]. 长春：吉林人民出版社，1993.

45. 季羡林. 季羡林谈人生[M]. 长春：长春出版社，2011.

46. 朱贻庭. 伦理学大辞典[M]. 上海：上海辞书出版社，2002.

47. 朱贻庭. 中国传统伦理思想史[M]. 上海：华东师范大学出版，2009.

48. 张锡勤. 中国伦理道德变迁史稿（上下）[M]. 北京：人民出版社，2008.

49. 唐凯麟. 成人与成圣——儒家道德伦理精粹[M]. 长沙：湖南大学出版社，1999.

50. 魏英敏. 伦理道德问题再认识[M]. 北京：北京大学出版社，1990.

51. 柴文华. 现代新儒家文化观研究[M]. 北京：生活·读书·新知三联书店，2004.

52. 宋志明，吴潜涛. 中华民族精神论纲[M]. 北京：中国人民大学出版社，2006.

53. 樊浩. 中国伦理精神的历史构建[M]. 南京：江苏人民出版社，1992.

54. 樊浩等. 中国伦理道德报告[M]. 北京：中国社会科学出版社，2012.

55. 郑家栋. 断裂中的传统——信念与理性之间[M]. 北京：中国社会科学出版社，2001.

56. 万俊人. 现代性的伦理话语[M]. 哈尔滨：黑龙江人民出版社，2002.

57. 万俊人. 寻求普世伦理[M]. 北京：商务印书馆，2001.

58. 何怀宏. 底线伦理 [M]. 沈阳：辽宁人民出版社, 1998.

59. 刘智峰. 道德中国：当代中国道德伦理的深重忧思 [M]. 北京：中国社会科学出版社, 2004.

60. 秦越存. 追寻美德之路——麦金太尔对现代西方伦理危机的反思 [M]. 北京：中央编译出版社, 2008.

61. 林滨等. 全球化视野中的伦理批判与道德教育的重构 [M]. 北京：人民出版社, 2007.

62. 马永庆等. 中国传统道德概论 [M]. 济南：山东大学出版社, 2006.

63. 李承贵. 德性源流——中国传统道德转型研究 [M]. 南昌：江西教育出版社, 2004.

64. 魏贤超等. 在历史与伦理之间——中西方德育比较研究 [M]. 杭州：浙江大学出版社, 2009.

65. 戴木才. 中国特色核心价值观的传统现实与前景 [M]. 南宁：广西人民出版社, 2011.

66. 张晋藩. 中国法律的传统与近代转型 [M]. 北京：法律出版社. 2005.

67. 范忠信等. 情理法与中国人 [M]. 北京：中国人民大学出版社, 1992.

68. 邵龙宝等. 儒家伦理与公民道德教育体系的构建 [M]. 上海：同济大学出版社, 2005.

69. 范进学. 法律与道德：社会秩序的规制 [M]. 上海：上海交通大学出版社, 2011.

70. 吴潜涛. 当代中国公民道德状况调查 [M]. 北京：人民出版社, 2010.

71. 王树荫. 中国共产党思想政治教育史 [M]. 北京：中国人民大学出版社, 2011.

72. 王树荫. 新中国思想政治教育史纲（1949—2009）[M]. 北京：人民出版社，2010.

73. 刘建军. 中国共产党思想政治教育的理论与实践[M]. 北京：中国人民大学出版社，2008.

74. 李泽泉. 中国特色社会主义道德建设思想[M]. 北京：人民出版社，2010.

75. 中共中央宣传部. 毛泽东邓小平江泽民论社会主义道德建设[M]. 北京：学习出版社，2001.

76.《社会主义核心价值观学习读本》编写组. 社会主义核心价值观学习读本[M]. 北京：新华出版社，2013.

77. 费正清. 中国：传统与变迁[M]. 长春：吉林出版集团，2008.

78. 罗素. 中国问题[M]. 北京：经济科学出版社，2013.

79. 希尔斯. 论传统[M]. 上海：上海人民出版社，1991.

80. 罗尔斯. 作为公平的正义[M]. 上海：上海生活·读书·新知三联书店，2002.

81. 亚当·斯密. 道德情操论[M]. 北京：中央编译出版社，2011.

82. 麦金太尔. 追寻美德[M]. 北京：译林出版社，2003.

83. 查尔斯泰勒. 现代性之忧[M]. 北京：中央编译出版社，2001.

84. 斯宾诺莎. 伦理学[M]. 北京：商务印书馆，1997.

85. 罗斯科庞德. 法律与道德[M]. 北京：中国政法大学出版社，2003.

86. 塞缪尔·亨廷顿. 文明的冲突与世界秩序的重建[M]. 北京：新华出版社，2010.

87. 姚剑文：政权、文化与社会精英——中国传统道德的维系机制

及其解体与当代启示 苏州大学 2006 届博士学位论文

88. 康宇：儒家美德与当代社会 黑龙江大学 2007 届博士学位论文

89. 于洪燕：中国传统"道德"内涵的现代解读与转换 西南大学 2010 届博士学位论文

90. 李华忠：善的支撑——中西传统道德之信仰基础比较研究 吉林大学 2012 届博士学位论文

91. 秦越存：追寻美德之路 黑龙江大学 2006 届博士学位论文

92. 雷震：中国传统儒家伦理的逻辑 黑龙江大学 2011 届博士学位论文

93. 方世忠：儒家传统与现代性 华东师范大学 2004 届博士学位论文

94. 林楠：中国道德建设的历史承接性研究——传统美德的读解与转换 中南大学 2007 届博士学位论文

95. 薛晓萍：先秦儒家道德价值思想及其现代启示研究 河北师范大学 2010 届博士学位论文

96. 刘合行：论道德的文化价值 南京师范大学 2006 届博士学位论文

致　谢

时光荏苒，光阴似箭。攻读博士学位是我人生中一个重大决定，是我为自己定下的一座有待征服的山峰。落笔之时，这个梦想即将成真。回首一路走来的收获和艰辛，感触良多！

最先要感谢的是我的导师颜吾佴教授，几年间，从最初的论文的选题、构思、撰写和反复打磨直至定稿，颜老师始终倾注心血，全程给予我大量指导。他对人对事的大气和周到、深邃的思维和广阔的视野，让我受益匪浅。他严谨认真的治学态度、积极乐观的生活态度、持之以恒的体育精神，让我深刻地领略到：人生因追求而精彩。只有热爱生活、珍惜生活、创造生活，才能乐享生活。

我要感谢北京交通大学马克思主义学院的诸位导师：韩振峰教授、路日亮教授、林建成教授、荆学民教授、陈树文教授、刘秀萍教授等，在课堂的教学与讨论中、生活的接触与交流中，老师们都给了我很多的启发与思考。尤其是在论文写作进行中，老师们数次给我提出修订意见和建议，才使得论文在反复打磨后逐步饱满完善。还有施惠玲教授和何玉芳教授，她们在论文中检和预答辩等环节都给予我中肯的建议，使论文的架构进一步完善。

我还要感谢我工作单位的领导与同事们的理解、支持与帮助。攻读博士学位的这几年里，因为大家都理解在职读书的不易，所以，在具体的工作安排上，各位领导都给予我大力的支持，同一教研室的各位同事们也都给予我最大可能的帮助，才促使我能够一路走过来。

在这里，也真心感谢我的家人。读博期间要做到自己的工作、家庭和学业间的平衡绝非易事，尤其是攻坚克难阶段，唯有依赖家人的理解和支持。感谢我的先生给予我最大精神上的支持与鼓励；也感谢我的女儿乖巧懂事，尤其是当看到她体谅妈妈辛苦，并以妈妈为榜样时，我觉得所有辛苦的付出都是值得的。

也要感谢在评审过程中给予我论文指导的各位专家和老师！感谢各位老师与专家给予我的学习成果以公正、客观的评价，更给了我一个自我检索、求知进步的宝贵机会，让我能够认识到自己的不足之处，更加清晰地了解自我、感受自我。

最后，真心向母校——北京交通大学道一声谢谢！没有母校提供的平台和资源，我很难攀上如此高度，实现自己的这一梦想。人生之路还很漫长，也有更多山峰需要我去跨越，我将秉承母校知行校训，不断去探索与创新。

谨以此篇论文向所有关心、帮助并支持我的亲人、师长和朋友们表示感谢！